不再忙到崩潰！

吉澤準特

PREP
我可能
不適合吧……
辛苦完成的
工作卻白費力氣！
為什麼
提案總是
被駁回？

高效率工作者的思維整理

楓葉社

前言

「為什麼那個人總是能這麼俐落又有效率地完成工作呢？」

在剛踏入社會的最初幾年，我經常這樣煩惱著。

顧問的工作每天都需要處理繁雜的業務。隨著多項工作同時進行，有時我會遺漏原本應該完成的事項，甚至因為某些工作需要重新處理，導致無法及時趕上最後的截止期限。這讓我對自己的能力感到非常挫折。

然而，同樣面對繁重工作的資深同事，卻能流暢而有效率地處理各種新舊任務。一開始，我以為這是因為他們天資聰穎、才華洋溢。然而，隨著共事時間的增加，我逐漸意識到，真正的差異其實在於他們擁有出色的「整理能力」。

那些能俐落又有效率地完成工作的同事，包括我的前輩在內，其實都運用了某些具體的方法。這些方法並非個人獨有，而是任何人都可以學習並掌握，是一門可再現的技術。

本書以四個角度總結了這些技巧，作為提升工作效率的法則：

1　「高效率工作者」的思維是什麼

2　不斷成長的人如何吸收資訊

3　「靠得住的人」如何輸出成果

4　讓工作『順利進行』的問題解決方法

「『高效率工作者』的思維是什麼」指的是能夠評估工作量與自己能力範圍，並以合理的方式投入工作的法則；「不斷成長的人如何吸收資訊」，是指檢查是否遺漏前提條件，並統一參與者對問題的認知，從而減少誤解的法則；「『靠得住的人』如何輸出成果」，強調讓人準確理解自己含義的方法；「讓工作『順利進行』的問題解決方法」，則是指將困擾以邏輯方式拆解，進而做出合理判斷的技巧。

只要遵循這些法則，就能省去因方法不當而反覆思考的時間，將更多精力集中於討論工作內容的本質。

請各位透過閱讀本書，親身體驗這些法則帶來的效果吧！

吉澤準特

本書的使用方式

①框架解說

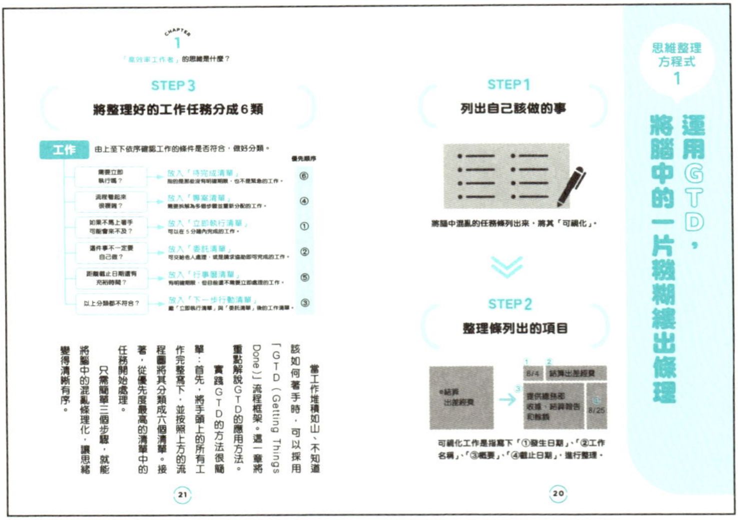
思維整理方程式 1

運用GTD，將腦中的一片模糊縷出條理

STEP 1

列出自己該做的事

將腦中混亂的任務條列出來，將其「可視化」。

STEP 2

整理條列出的項目

可視化工作是指寫下「①發生日期」、「②工作名稱」、「③概要」、「④截止日期」，進行整理。

20

CHAPTER 1

「高效率工作者」的思維是什麼？

STEP 3

將整理好的工作任務分成6類

工作　由上至下依序確認工作的條件是否符合，做好分類。

		優先順序
需要立即執行嗎？	放入「待完成清單」指的是那些沒有明確期限，也不是緊急的工作。	⑥
流程看起來很複雜？	放入「專案清單」需要拆解為多個步驟並重新分配的工作。	④
如果不馬上著手可能會來不及？	放入「立即執行清單」可以在5分鐘內完成的工作。	①
這件事不一定要自己做？	放入「委託清單」可交給他人處理，或是請求協助即可完成的工作。	②
距離截止日期還有充裕時間？	放入「行事曆清單」有明確期限，但目前還不需要立即處理的工作。	⑤
以上分類都不符合？	放入「下一步行動清單」屬「立即執行清單」與「委託清單」後的工作清單。	③

當工作堆積如山、不知道該如何著手時，可以採用「GTD（Getting Things Done）」流程框架。這一章將重點解說GTD的應用方法。

實踐GTD的方法很簡單：首先，將手頭上的所有工作完整寫下，並按照上方的流程圖將其分類成六個清單。接著，從優先度最高的清單中的任務開始處理。

只需簡單三個步驟，就能將腦中的混亂條理化，讓思緒變得清晰有序。

21

每一章的開頭，都會針對整理思考時所使用的「工作流程框架」及其活用方法進行解說。

為了提升技能而買書，但之後卻出現以下情況：「讀完書後覺得很滿足，但什麼內容都沒記住。」「感覺很有道理，但似乎無法應用到自己的工作上。」相信不少人都曾有過這樣的經驗吧？

本書精選了任何人都能讓工作更高效的「方程式（框架）」，總共四種類型。透過具體的案例詳細解說這些方程式的使用方法，旨在成為一本「實際可用，能提升工作效率的

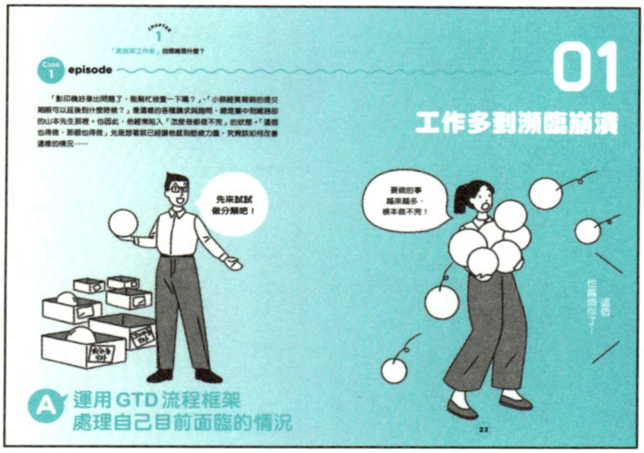

② 案例

每一章都整理了運用方程式的實際案例，並透過插圖和故事介紹許多人常見的「典型困擾」。

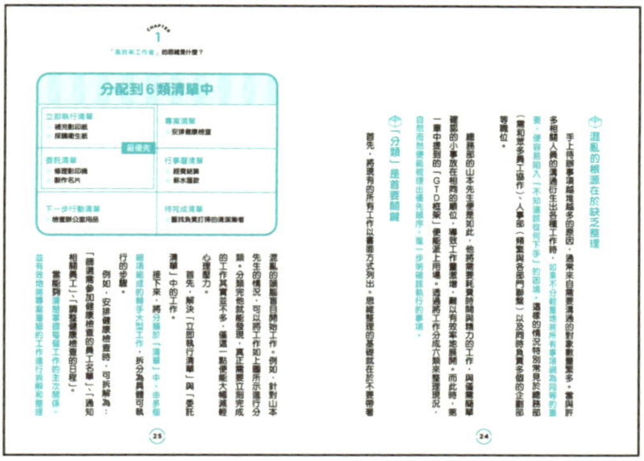

③ 解決方法

接下來的頁面，則會在展示解決故事中困擾的具體方法的同時，徹底說明方程式的使用方式。

商業書籍」。

首先，建議先從與自己困擾相似的案例開始閱讀，嘗試模仿「思維整理」的方法。

接下來，可以試著一邊閱讀，一邊模擬思考：「如果是我的話，會怎麼處理呢？」

將實際的困擾套用到方程式中來思考也是一種不錯的方式。這樣一來，讀者們便能自然掌握「思維整理」的技巧。

Contents

CHAPTER 2 不斷成長的人如何吸收資訊 77

Contents

column
讓心情變得輕鬆的思維整理

封面設計：渡邊民人（TYPEFACE）　本文設計：谷關笑子（TYPEFACE）
合作執筆：寺井麻衣　插畫：MIYAZAKIKOUHEI
DTP：田中由美　合作編輯：有限會社CRAPS

「工作做不好＝沒有能力」是錯誤的觀念

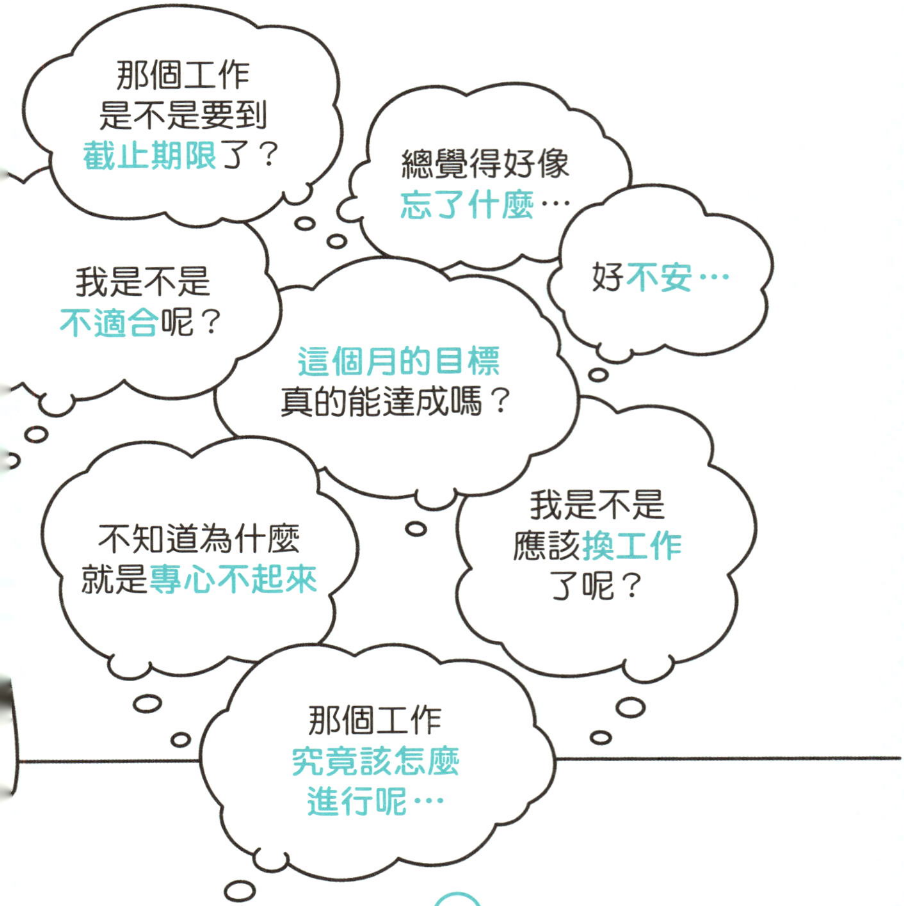
那個工作是不是要到截止期限了？
總覺得好像忘了什麼…
好不安…
我是不是不適合呢？
這個月的目標真的能達成嗎？
不知道為什麼就是專心不起來
我是不是應該換工作了呢？
那個工作究竟該怎麼進行呢…

思維整理讓每個人都成為「能幹的人」

工作不順利時，我們往往會責怪自己，認為是自己能力不足，或因為與優秀的人比較而感到沮喪。

然而，「工作做不好＝沒有能力」這種觀念是大錯特錯的。許多人只是因為不了解如何順利推進工作的「方程式」。

只要掌握「思維整理」的方程式，就能擺脫那種沒有事先整理好工作或問題便匆忙上手，導致思緒混亂、工作不順的惡性循環，讓任何人都能成為一位能幹的人。

只要掌握「思維整理」

「理解＝能做到」的事情會越來越多！

你是否曾因為不懂得該如何著手或解決問題，而說「做不到」，或者選擇避開挑戰未知工作的風險呢？

其實，換個角度來看，「因為不懂所以覺得做不到」的想法，背後隱含的是「只要理解，就能做到」。

透過使用「思維整理」的方

「做不到的理由」將逐漸消失

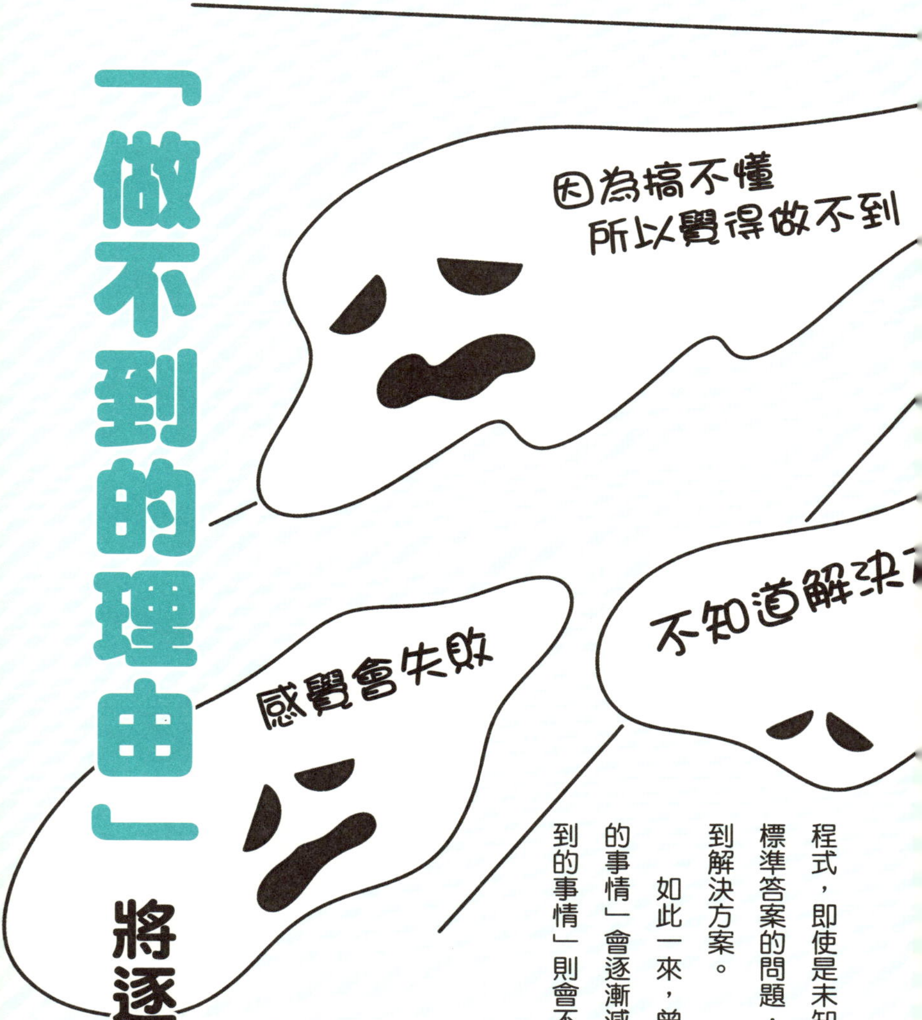
因為搞不懂
所以覺得做不到
感覺會失敗
不知道解決

程式，即使是未知的情況或沒有標準答案的問題，也能清晰地找到解決方案。

　如此一來，曾經感到「不懂的事情」會逐漸減少，而「能做到的事情」則會不斷增加。

整理思維的能力
能夠提升職場人士的價值！

CHAPTER 1

工作管理

許多職場人士常常同時處理多項工作。本書將解說無誤且有效率地完成這些工作的實用「方程式」。

（→P.17～）

CHAPTER 2

資訊吸收

只要能正確理解對方的意圖，不僅能提升工作的品質，還能避免意外發生。透過「方程式」，實現精準的資訊吸收。

（→P.77～）

運用思維整理，提升基礎技能

透過思維整理，可以提升工作管理、吸收資訊、輸出成果、問題解決等工作的基礎技能。

這些技能看似不起眼，但其實能在這之上展現優異能力的職場人士正是稀有人才。只要磨練基礎技能，必然能提升自身價值。

基礎技能的水平會直接影響在職場中的信任度，受到信任者往往會得到更多有吸引力的工作機會。對於想穩步成長的人來說，思維整理是不可或缺的能力。

CHAPTER 3

輸出成果

能清楚傳達指示或主張的人，往往能贏得周圍的信任。透過整理自己輸出的內容，成為受信賴的職場人士。

（→ P.115～）

CHAPTER 4

解決問題

無論是解決未知的問題，還是面對沒有標準答案的挑戰，透過整理思緒，可以培養出優秀的問題解決能力。

（→ P.157～）

column 01

讓心情變得輕鬆的思維整理

整理思維，是否也能一併解決內心的煩悶呢？我們向整理思考的達人——吉澤老師請教了有關工作的煩惱！

Question

如果能夠整理思維，心情會變得輕鬆嗎？

Answer

當工作或私人生活不順利時，讓人感到內心煎熬的原因往往是因為陷入了「失敗」→「焦慮，導致思維只局限在眼前」→「忽略其他選項，再次失敗」的惡性循環。實際上應該有很多選擇，但當局者卻看不到那些可能性，最終被逼得認為：「我只能這樣做」。

我自己也曾有過類似的經驗。在職涯早期，我曾被指派一個高難度的專案——組建一支由多語言人才組成的核心商業團隊。然而，由於多語人才的稀缺性和時差問題，滿足所有需求幾乎是不可能的。

但當時的我，卻未能意識到我有「向客戶坦誠表示這是不可能的」這一選項，反而埋頭投入到幾乎無法實現的目標中，最終身心俱疲。

如果當時能多一些客觀的視角，也許就能發現折衷方案等其他選項。

整理思維能幫助我們保持客觀視角。當你感到心很累時，不妨停下來，把自己面臨的困難條理清楚地整理一遍。這將有助於你找到更清晰的解決方向。

CHAPTER1

「高效率工作者」的思維是什麼？

「高效率工作者」在工作時都在想些什麼？
本章將解說能讓任務與工作行程順利進行的思維整理方程式。

「高效率工作者」的思維一直保持條理清晰

清晰的優先順序
①回電子郵件
②製作報告
③結算經費

該從何做起
一目瞭然！

接下來
是那個！
清晰的工作行程

不再煩惱
該做什麼！

那些總是工作又快又準的「高效率工作者」，與「效率低下的人」到底有什麼不同呢？

許多人可能認為是「擁有的能力基本上就不同」或「聰明程度差異」，但其實真正的差別在於思考方式。

「高效率工作者」在工作時，會不斷整理自己的思路。他們能清楚安排每件事的優先順序、行程規劃與工作步驟，因此才能讓工作順利進行。

本書將透過實際案例，詳細解說「高效率工作者」思維整理的關鍵技巧。

工作順利
照原訂計畫♪

工作管理清晰明瞭
流程安排井然有序
能完成
無法完成

明確區分
自己可以和
無法完成的事！

思維整理方程式 1

運用GTD，將腦中的一片糨糊縷出條理

STEP 1

列出自己該做的事

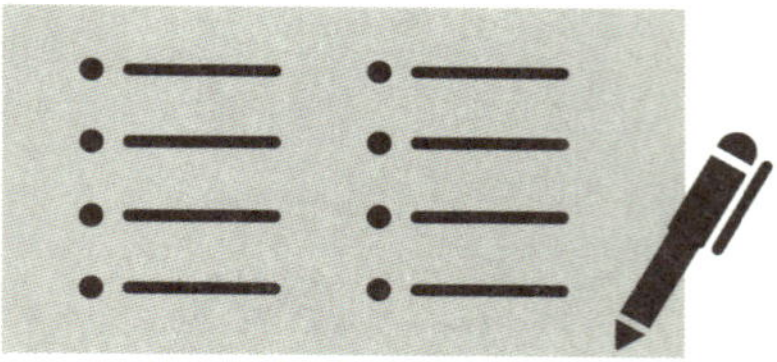

將腦中混亂的任務條列出來，將其「可視化」。

STEP 2

整理條列出的項目

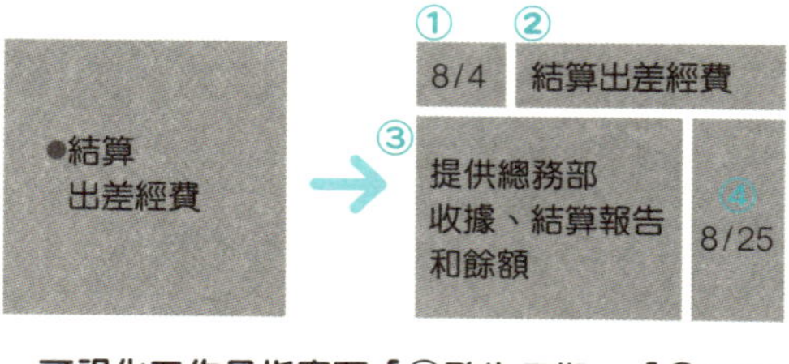
●結算
出差經費
①
②
8/4
結算出差經費
③
提供總務部
收據、結算報告
和餘額
④
8/25

可視化工作是指寫下「①發生日期」、「②工作名稱」、「③概要」、「④截止日期」，進行整理。

STEP 3

將整理好的工作任務分成6類

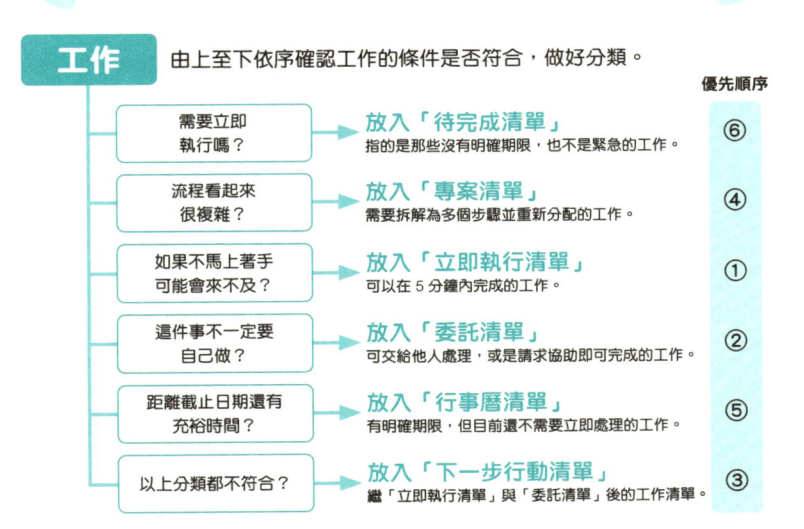

工作 由上至下依序確認工作的條件是否符合，做好分類。

條件	分類	說明	優先順序
需要立即執行嗎？	放入「待完成清單」	指的是那些沒有明確期限，也不是緊急的工作。	⑥
流程看起來很複雜？	放入「專案清單」	需要拆解為多個步驟並重新分配的工作。	④
如果不馬上著手可能會來不及？	放入「立即執行清單」	可以在 5 分鐘內完成的工作。	①
這件事不一定要自己做？	放入「委託清單」	可交給他人處理，或是請求協助即可完成的工作。	②
距離截止日期還有充裕時間？	放入「行事曆清單」	有明確期限，但目前還不需要立即處理的工作。	⑤
以上分類都不符合？	放入「下一步行動清單」	繼「立即執行清單」與「委託清單」後的工作清單。	③

當工作堆積如山、不知道該如何著手時，可以採用「GTD（Getting Things Done）」流程框架。這一章將重點解說GTD的應用方法。

實踐GTD的方法很簡單：首先，將手頭上的所有工作完整寫下，並按照上方的流程圖將其分類成六個清單。接著，從優先度最高的清單中的任務開始處理。

只需簡單三個步驟，就能將腦中的混亂條理化，讓思緒變得清晰有序。

01

工作多到瀕臨崩潰

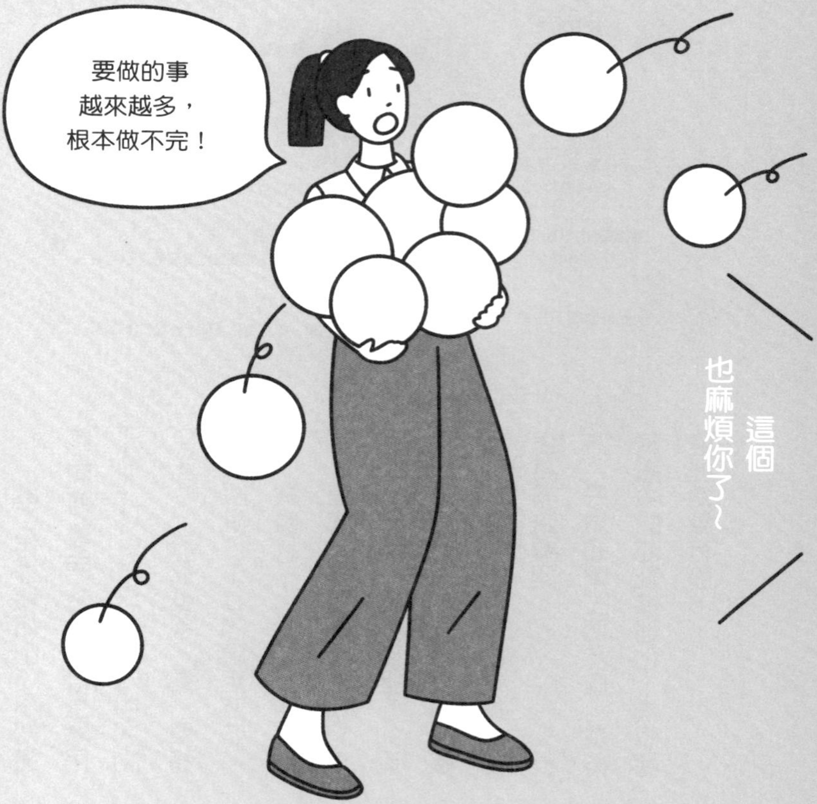
要做的事
越來越多，
根本做不完！
這個
也麻煩你了～

Case 1 episode

「影印機好像出問題了，能幫忙檢查一下嗎？」、「小額經費報銷的提交期限可以延後到什麼時候？」像這樣的各種請求與詢問，總是集中到總務部的山本先生那裡。也因此，他經常陷入「怎麼做都做不完」的狀態。「這個也得做，那個也得做」光是想著就已經讓他感到筋疲力盡，究竟該如何改善這樣的情況……

A 運用GTD流程框架處理自己目前面臨的情況

混亂的根源在於缺乏整理

手上待辦事項越堆越多的原因，通常來自需要溝通的對象數量繁多。當與許多相關人員的溝通衍生出各種工作時，**如果不分輕重地將所有事項視為同等的重要，便容易陷入「不知道該從何下手」的困境。**這樣的情況特別常見於總務部（需和眾多員工協作）、人事部（頻繁與各部門聯繫）以及同時負責多個的企劃部等職位。

總務部的山本先生便是如此，他將需要耗費時間與精力的工作，與僅需簡單確認的小事放在相同的順位，導致工作量激增，難以有效率地展開。而此時，第一章中提到的「ＧＴＤ框架」便能派上用場。透過將工作分成六類來整理現況，**自然而然便能梳理出優先順序，進一步明確該執行的事項。**

「分類」是首要關鍵

首先，將現有的所有工作以書面方式列出。思維整理的基礎就在於不要帶著

分配到6類清單中

立即執行清單 ● 補充影印紙 ● 採購衛生紙	**專案清單** ● 安排健康檢查
委託清單 ● 修理影印機 ● 製作名片	**行事曆清單** ● 經費結算 ● 薪水匯款
下一步行動清單 ● 檢查辦公室用品	**待完成清單** ● 重找負責打掃的清潔業者

最優先（立即執行清單、委託清單）

混亂的頭腦盲目開始工作。例如，針對山本先生的情況，可以將工作如上圖所示進行分類。分類完他就能發現，真正需要立刻完成的工作其實並不多，僅這一點便能大幅減輕心理壓力。

首先，解決「立即執行清單」與「委託清單」中的工作。

接下來，將**分類於「清單」中、由多個細項組成的棘手大型工作**，拆分為具體可執行的步驟。

例如，安排健康檢查時，可拆解為：「篩選需參加健康檢查的員工名單」、「通知相關員工」、「調整健康檢查的日程」。

當能夠**清楚掌握每個工作的主次關係，並有效地將專案層級的工作進行拆解和整理**

時，這種「不知道該從哪裡開始著手」的情況便能迎刃而解。

工作管理的重點在於「優先順序可視化」

當熟悉了ＧＴＤ框架的分類規則後，便能快速判斷新出現的工作應歸入哪一個清單中。**最理想的狀態是，即使不特地花時間整理，也能持續保持六類工作分類的整齊與清晰。**

持續整理並掌握自己手頭的工作，不僅能避免接下無法完成的事，或面對臨時任務時手忙腳亂，也能讓工作更加有條不紊。

這裡推薦一個管理工作的技巧：使用顏色標示優先順序。例如，將「立即執行清單」標示為紅色，「委託清單」標示為黃色，**以便視覺化工作的緊急程度和重要性。**然後將清單放在電腦桌面等隨時可見的地方，使自己自然而然地意識到哪些工作需要儘快完成、是否遺漏了重要事項。還能**成為判斷當前工作可分配的時間是否合適的基準。**

需要注意的是，不必將所有工作都進行全面的可視化。許多人因為過度追求完整的分類與整理，反而在這個過程中耗盡精力，甚至半途而廢。

切記，工作的整理與可視化只是一種「手段」，其目的是讓工作更容易處理。如果過度關注整理這件事本身，導致投入處理工作的時間減少，那就本末倒置了。

Case 1 小結

不知道該從什麼地方開始著手時，
應先將所有工作都寫出來

★

立即將工作分配到六類清單之中，
但這個作業要控制在不成為負擔的範圍內

02

辛苦完成的工作卻白費力氣！

Case 2 episode

業務部的佐藤先生接到主管的指示，整理潛在客戶的資訊。為了達到主管的期望，他盡力搜集了大量潛在客戶資料，還詳細記錄了各項狀態，製作成一份完整的報告。然而，在提交後卻被主管要求：「可以再簡化一點，做成誰都能看懂的版本嗎？」這個結果似乎是白費佐藤先生的心力，讓他不禁疑惑：「我明明這麼認真，怎麼會變成這樣？」

提高工作效率的
祕訣在於檢視
這兩點！
☑完成期限何時？
☑成果要如何？

A 開始作業前先做好整理！

確認「對方的期待程度」

導致需要大幅度的重做工作的主要原因之一，是**未能釐清提出工作需求的對象的「期待程度」。**舉例來說，當對方期待的成果為10，而你卻交出100的成果，可能會被認為太過度。相反地，若交出僅有五的成果，則可能被認為未達到基本標準。

因此，在開始執行工作前，必須與需求方確認清楚交期是「什麼時候」，以及「需要什麼樣的成果」。**根據對方的期待程度調整自己的付出**，是有效利用個人資源的重要技巧。

以佐藤先生的案例來看，由於他自行判斷所需資料的精確度，導致做好的資料被退件，不僅浪費了時間，也降低了工作效率。如果在作業前確認到對方只需要「簡單易懂的資料」，那麼他或許能在一半的時間內完成工作，且避免被退件的問題。

當然，這也可以說是主管沒有提供明確指示的問題。然而，在動手之前主動確認交期和成果要求，是減少浪費和守護自身時間的必要步驟。接到工作時，請養成習慣詢問以下兩點：「什麼時候需要？」、「需要什麼樣的成果？」

掌握對方的期待程度是工作管理的基礎

將工作分類到GTD（Getting Things Done）的清單中，第一步就是掌握需求方的期待程度。如果對「什麼時候」和「什麼樣的成果」不了解，就無法決定這個工作應該何時執行以及其優先順序。因此，這是實踐GTD前必須完成的基礎作業。

另外，**提升生產力的另一個關鍵，是正確估算工作所需時間。**想必很多人都有以下經驗——「工作比預想中花更多時間，導致加班連連」、「沒趕上期限，導致相關部門受到影響」……

如果不擅長估算工作時間，我建議各位可以記錄日常工作的耗時，累積經驗。若接到過去未做過的工作，可以透過類似經驗進行推測，或請教有經驗的同事以作為參考。

在初步估算所需時間後，最好預留約兩倍時間以應對突發情況。無論什麼樣的工作，都有可能出現如臨時任務，或意料之外問題的發生。若僅以最低限度的時間安排，一旦出現突發狀況，就需要耗費更多時間重新調整進度，這反而會降低生產力。

如果無法預留額外時間，建議與周圍的同事或主管協調，避免額外的工作負擔。確保在不影響其他工作進度的情況下有序推進，這是維持高效工作的理想方式。

Case 2

小結

掌握好對方的期待程度，
減少白費心力

★

預想可能的臨時工作或意料之外問題的發生，
估算並預留約兩倍時間

column 02

讓心情變得輕鬆的思維整理

Question

該如何在提不起勁時，重振心情投入工作呢？

Answer

別依賴那份「勁」（動力），行動才是關鍵。通常是我們採取行動後，才會進入適合繼續執行下一步的心理狀態。

因此，與其努力激發動力，不如先從工作中挑出較容易著手的工作並開始行動。例如，我個人喜歡進行資訊整理和可視化的工作，所以會先從這類工作開始。

從自己喜歡或擅長的工作著手，不僅能讓情緒逐漸高漲，還能帶來「工作有所進展」的成就感。

如此一來，將一件事、一件事完成，最終便能順利完成所有的工作。

感到動力不足，通常是因為對工作缺乏興奮感，無法產生正面的情緒。此時，可以嘗試以下方法，讓自己對工作產生前進的動力。例如，「完成四個工作後去喝杯咖啡」作為一種鼓勵自己的獎賞機制；或將自己不喜歡和擅長的工作搭配執行，減少負面情緒的影響。

透過這些方式，可以幫助你正面看待工作。

03

[illegible]重新處理的工作堆積如山

Case 3 episode

田中小姐是一名負責營業事務的專員。每天需要處理來自營業團隊的報價單製作、庫存檢查、訂單處理，以及應對客戶的各種詢問等繁雜的工作。

由於手上的工作量龐大，經常出現一些失誤，例如「報價單上的數字有誤」或是「訂購的商品數量不符」等問題。這些失誤不僅增加了重做工作的次數，還導致未完成的事越積越多。

那麼，要如何才能打破這樣的惡性循環，讓工作流程更順暢呢？

A 減少被退件的原因＝粗心失誤

累積的粗心失誤也會造成重大損失

如果你覺得自己「並非偷懶，卻無法減少手頭的工作量」，或者「工作總是無法徹底完成」，那麼**可能是因為粗心錯誤導致許多工作被退件，讓你疲於應對。**原本應該完成的工作，卻因為錯誤回到了「立刻處理清單」或「下一步行動清單」，導致手頭的事情永遠無法減少。

特別是在處理合同、問候信等重要文書，或是製作報價單、訂單處理等涉及數字的工作時，更容易因為粗心錯誤導致退件。雖然各位可能會認為被退件是小事，只要稍微修正一下就好，或被指出問題時再改。但實際上，處理退件需要中斷當前的工作、檢查資料或翻查先前往來郵件紀錄，這些行為看似小事，卻意外耗時。**隨著時間累積，不僅造成大量時間浪費，還會增加壓力，讓人覺得手邊工作永遠無法完成。**

粗心錯誤不僅帶來時間上的損失，也可能產生旁人對自己的負面看法。比如

「這個人總是出錯」、「又要重做了」、「淨是在增加無謂的工作」。

此外，還可能引發更嚴重的損失，例如因系統問題導致100人份的資料輸入作廢，或製造零件孔位偏差，最終在生產中無法使用。粗心錯誤雖小，但絕不可輕忽。

那麼，該如何避免粗心錯誤呢？僅僅「多加注意」並不足以完全避免錯誤，**運用檢查清單才是有效的方法**。事實上，在建築或製造業這些錯誤可能導致重大事故的領域，已經徹底實施「指差確認」這種檢查動作。如果各位時常犯粗心錯誤，可以試著將指差確認運用到辦公桌上的工作中。

但並非所有事項都適合加入檢查清單。**如果清單項目過多，反而容易遺漏，因此應盡量精簡**。可以請上司或資深同事協助確認，例如「重要文件請〇〇上司審核」也是一種方法。

如果不知道工作堆積的原因呢？

介紹完避免因粗心錯誤而造成退件問題的解決方法之後，有人可能會說：「我還是不知道工作堆積如山的原因。」我會建議這類人，可以**嘗試在完成工作後檢視GTD分類過的工作清單。**

完成工作後不直接刪除這些分類紀錄，而是保存幾週至一個月，**分析自己在什麼時候處理了哪些工作，以及花了多少時間。**

如果發現「○○的修正處理」「○○的確認」耗時過多，可能是每項工作處理不夠嚴謹，導致後續工作量增加。此外，這些記錄還能幫助你發現自己經常犯錯的模式。

業務流程是否有問題？

即使運用了檢查清單或外部協助，但錯誤仍未減少，那麼可能是作業流程過於繁瑣或容易出錯。

雖然大幅修改業務流程可能困難，但一些小的調整或創新仍然可能改善現狀。適時檢視工作的前提條件，也是一種必要的思維整理的方式。

透過有效整理和掌握工作，**不僅能讓日常工作更加流暢，還能提高中長期的生產力與業務改善潛力。**

這不只是單純的製作「to do清單」，將工作管理視為整理思維的第一步，活用GTD工作流程框架進行整理，你會發現自己變得能更加從容地應對各種挑戰。

Case 3

小結

善用檢查清單，
確保完成的工作不會回到待辦清單中

★

工作管理不僅提升你的生產力，
還能促進業務優化

04

無法拒絕突如其來的工作請託

Case 4 episode

鈴木先生無法巧妙拒絕突然被請求協助的工作。今天早上又有人臨時說：「這個，麻煩你今天完成！」鈴木先生答應下來，結果又得加班。即便手邊還有自己的工作，但每次被拜託時，他總會想：「如果努力一下，應該還能完成吧。」或「今天看起來沒那麼忙。」就接受了。最近，鈴木先生的工作負荷持續飽和，他也想學著如何巧妙拒絕這些插隊的工作，但卻還沒找到方法……

這週好像比較有充裕時間呢~
在上班開始時或每週的開頭，確認自己的空閒時間！

A 了解自己的空閒狀態

工作請託或臨時任務，其實可以拒絕

想必有許多人跟鈴木先生有相似的困擾——經歷過多次因無法拒絕他人請託工作，而導致自己負擔過重的情況。

首先，**我想強調一個非常重要的觀念：被拜託的工作，其實是可以拒絕的。**在拒絕時，可以運用一些有效的技巧，例如以附加條件進行協商：「由於我在〇日之前的工作已經排滿，如果可以等到那之後，我就能協助完成。」或者，用「我需要先確認一下，再回覆您」的方式來爭取時間，避免直接答應對方的要求。

透過這些方法，不僅能為自己爭取思考的空間，也能更合理地分配自己的工作量，避免過度壓力導致效率下降或影響工作品質。

還可能有一種情況：「原以為能接下來，但結果因為時間估算不足，最後總是後悔。」這類問題可以透過ＧＴＤ的工作流程整理來解決。

只要清楚地整理好自己必須在何時完成什麼工作，**將工作整理穩妥，就能分辨出哪些工作可以接受，哪些無法接下。**對於臨時做決定有困難的人，建議養成使用行事曆應用程式來安排工作日程的習慣。

例如，在每週開始時，先為行事曆中的工作預留必要的時間，完成一週的排程計畫。每天工作開始前，再將「立即執行清單」或「下一步行動清單」中的工作對應到當天空間的時段。如果完成後還有剩餘時間，這就是你可以用來接受臨時插入工作的「空間」。只要插入任務能在這段空檔時間內完成，就可以無壓力地接下來處理。

但需要注意的是，**務必確認插入工作的期待程度**（參考第30頁）。即使了解自己的空間狀況，如果接下的工作量超出預期，最終還是會導致超出能力範圍，造成負擔。

當遇到無法拒絕的工作時該怎麼應對

如果遇到「無法拒絕上司交辦的工作」這類情況，這時就需要採取不同的應對方式。

在完成上述的排程後，若發現某些工作可能超出自己的負荷，可以主動與上司或相關人員協商。舉例來說，可以這樣表達：「為了確保新指派的A工作能如期完成，可能需要延後B工作的截止日期，請問這樣的調整是否可行？」

或者，可以進行部分的工作範圍劃分，例如：「今天因為〇〇的事項，時間可能不夠充裕，但我可以先協助完成調查部分。」再或者，提議調整資源分配：「如果能再有一位人手協助，我就能趕在期限內完成。」

不要局限於「做／不做」的二選一思維，而是嘗試思考：「怎麼做才能維持自己的工作節奏，同時滿足對方的需求？」像這樣轉換視角也是思維整理的一大技巧。

Case 4

小結

被拜託的工作只在空閒時間範圍內接受

★

實在無法拒絕時，透過協商與交涉來減輕負擔！

column 03

讓心情變得輕鬆的思維整理

Question

有什麼方法可以避免因與同事比較而感到沮喪？

Answer

解決這個煩惱的最佳方法，就是避免將自己與同事比較。然而，正因為很難做到這一點，才讓許多人為了：「為什麼他能做到，而我不行？」「為什麼我總是比不上其他人？」而感到煩惱不已。

如果你是總是忍不住進行比較的人，可以試試以下建議：「找出至少一件自己更擅長或只有自己在做的事情。」無論對方多麼優秀，所有技能都超過你的人並不多。

找到自己比優秀的同事更擅長的領域，能讓它成為你的「個人優勢」。與他人比較並非全然是壞事，有時候也能從中發現自身的強項，進一步加以發揮。

如果你無法馬上調整心態，也可以試著從消極的角度思考，找出對方比自己更大的失敗之處，然後告訴自己：「至少我還沒有犯下這麼大的錯誤，還有進步的空間。」用這種方式建立起一點自我肯定感。

當心態逐漸變得積極的時候，可以開始採取行動，例如提升技能、擴展工作範圍等，藉由這些實際行動累積自信心，走向更好的自己。

05

因為忙不過來而一直延後交期

截止日前三天
忙著應付客訴電話…明天再把樣品送出吧
好的…好的
樣品完成
提早完成樣品了！
前一天
忙不過來，快到期限才送出樣品…
當天
欸！宅配因為延遲，貨還沒到!?
晴天霹靂！

Case 5 episode

高橋小姐在截止期限的一週前就完成了樣品。本來打算馬上寄給客戶，但因忙於處理客訴和其他工作，一不小心就拖到了截止日前一天，才匆忙安排快遞寄送。雖然一般情況下隔天就能送達，但這次卻因配送延遲，導致客戶氣憤地說：「我們都準備好要檢查樣品了，結果卻這樣！」

設定工作期限時
也要養成
「提前五分鐘行動」
的習慣！
真正的截止期限
對方的
期待程度？
其他工程的
估價呢？
表面上的截止期限
對方的
情況？

A 透過工作管理，掌握「真正的截止期限」

推遲工作容易帶來風險

像樣品開發這樣的由多個細項構成的工作，屬於GTD六項目中的「清單」。這類工作通常經歷多個階段，例如樣品的概念設定、設計、組裝等，最終才會產出成品。而高橋小姐錯在過於樂觀地估算了其中一個環節——樣品的配送時間。

涉及有他人參與的環節，往往無法完全按照自己的計畫進行。例如未考量上司檢查所需時間、為準備文件而調取數據比自己預想的還花時間等，導致工作未按計畫進行的情況屢見不鮮。

高橋小姐認為只要在前一天寄出，當天就能準時到達，因此將配送拖延至最後一刻。然而，她應該要考慮到樣品可能無法準時而順利送達的風險。**能夠妥善掌控工作進度的人，往往會提前考量到這些潛在風險，並採取行動盡量避免**，因而較少因突發狀況而手忙腳亂。

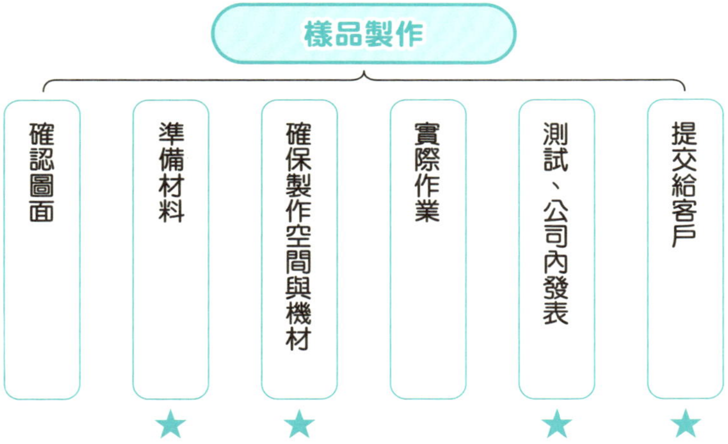

在涉及到他人的環節畫星，可以發現單獨作業的時間其實意外的少。

為避免類似失誤，在細分清單內的工作時，**應特別留意「涉及他人的環節」。**事先掌握每個環節中有哪些人參與、需要提出哪些請求，以及可能產生的等待時間，能幫助我們更加清楚地掌握「真正的截止時限」。

了解對方的需求與期待

若能在截止時間前提早提交成果，通常能讓對方更滿意，也有助於提升對你的評價。有時候，對方甚至一開始就期待你能提前交件。

因此，**養成提前完成工作的習慣能帶來不少好處。**接受委託時，可以試著了解對方的期待程度，例如成果是否需要提前完成，或是只要按時交付即可。

另一方面，**不要輕易自己臆測對方對於截止期限的需求**。例如，有人要求在週五晚上前提交資料，但你認為對方週末應該不會處理公事，因此決定週一早上再提交，結果卻在週六收到催促的電話。

在這種情況下，不應自行判斷「週一早上再提交就好」，而是應該提前確認對方的具體需求。例如，若對方說：「週六會進公司，希望能當天確認資料」，你就能在週六早上提交，避免延誤。

區分工作與私生活的小技巧

如此透過稍微提前進行工作，許多事情可以更順利地完成。然而，另一方面，也有不少人因此無法掌握工作與休息的分界，導致過勞的情況發生。

對於那些不擅長劃分工作與私人時間，或無法放下未完成的事就下班的人，可以嘗試為自己制定規則，例如：**「下午五點以後不處理非緊急的工作」。透過這**

樣的方式，強制讓自己停止工作。

每天設定工作時間上限，在這個範圍內完成所有工作，避免無限制地加班或延遲。

Case 5
小結

在將專案工作分解為細項任務時，
請特別注意涉及他人的流程

★

除了關注表面上的截止時限外，
也應掌握對方的期望與實際情況

06

預計的完成日期形同虛設

照這個進度來看，一定能輕鬆搞定！
明明就沒有偷懶，為什麼總是在最後期限前手忙腳亂呢……
那件事到底辦得怎樣!?
我確認一下！請稍等。

Case 6 episode

　　齋藤工程師的煩惱是，儘管都按照計畫進行工作，但他總是在截止日前顯得手忙腳亂。這次的專案也是，雖然中途一切順利，但卻在提交當天因為另一件臨時的工作而搞得一團亂……他明明完全按照計畫進行，也不是因為偷懶不做事，為什麼還是會發生這種情況呢？

試著在
大概這個位置
達到8～9成的
完成度吧！
假定目標
START
截止期限

A 將目標設定稍微提前

「截止日≠工作完成日」

即使按照計畫執行工作，卻仍在截止日前陷入手忙腳亂——**這或許是因為目標時間點的設定不當。**

有明確截止日期，歸類在「行事曆清單」的工作，通常是以提交日期為基準倒推進行進度安排。然而，**若計畫表上安排提交日當天才完成作業，就需要注意了。**即使在提交期限前對成果進行修改，也應該是為了進一步提升完成度，而不是在提交時間的最後一分鐘才匆忙完工。

理想的進度安排應該是：在提交日前二～三天完成整體的八成，提交日前一天完成大部分內容，並將提交當天留給最後的品質提升修改。

齋藤先生之所以在截止時限前手忙腳亂，是因為將提交日設定為作業完成日，導致臨時狀況發生時無法應對。而他多次重蹈覆轍，或許是因為**未意識到一個進度安排上的盲點——「提交日≠工作完成日」。**

這類情況常見於撰寫企劃書、製作內容，以及產品或服務的開發工作中，因為人們往往希望呈現更完美的成果，於是持續修改到最後一刻。

身為工程師的齋藤先生，可能也是為了打造更優質的網站服務，而設下了「提交日=工作完成日」的緊湊計畫。

其實這種情況的解決方法很簡單——就是將工作完成的目標設定提前到提交日的前一天。

若總容易認為時間還充裕，可以嘗試為自己設定規則，例如：提交日前一天的傍晚後不再進行修改，讓工作流程有更充分的彈性。

此外，若提交前經常發現需修改的地方，可在提交日前特意留出時間進行品質檢查。

缺乏彈性的計畫只會增加風險

如案例五（參考第46頁）所述，繳交期限前提早交出成果，常能讓主管或客戶感到滿意。

為了提升滿意度，有些人會過於勉強自己，將繳交期限提前，甚至因此犧牲其他工作時間，或加班加點以完成工作。這樣的確能快速提升客戶滿意度，但從整體來看，這種沒有彈性的計畫弊大於利。

正如齋藤先生的案例所示，一旦出現臨時狀況，緊湊的計畫就容易被打亂，進而影響最後的成果品質。而只要是多人參與的專案，就無法完全避免突發狀況的發生。

為了讓自己能從容應對，也為了維持成果的品質，**提前為計畫留出適當的緩衝時間是必要的。**安排具備彈性的計畫，不僅對自己有益，更能保障所有相關人員的利益。把握這一原則，才是實現雙贏的關鍵。

一定要預留緩衝時間！

若一味地將完成提交物擺在首位，不給自己任何緩衝時間，可能會因忙於應付期間出現的突發狀況或問題，而拖累其他工作的效率。

相對地，**即使預留的緩衝時間最終沒有派上用場，也絕不算浪費。**你可以善用這段時間來「進一步改良提交物」、「推動其他專案進展」，或「協助需要幫忙的同事」，這些選擇都能有效提升整體生產力。

Case 6
小結

總是剛好趕上工作交件的人，可能是目標設定有誤

★

沒有預留緩衝時間而將工作行程安排滿檔，只會讓工作效率下降

07

非緊急的事情究竟該何時做

Case 7 episode

銷售成績優異的山田小姐，在上司的提拔下被調任到由社長主導的新設部門。然而，上司叮囑她「正式調令發布前可能需要一些時間，在此期間可以先學習一些IT相關的知識」，但山田卻因不知道從何下手而拖延了整整一個月。究竟該如何有效地推進這種沒有明確目標或截止期限的工作呢？

A 細分專案是推進工作的關鍵

將專案工作分為多個執行項目

大多數人都能順利完成有明確數字目標或截止期限的工作，但對於內容模糊、不明確的工作，往往感到困難，不知道從何著手。

像是上司請山田小姐先學習IT相關知識，就是一個沒有明確目標或期限的工作，也因此，山田小姐才會遲遲無法開始。她也並不能直接詢問上司：「請問我應該在什麼時候完成什麼內容？」這可能會讓上司對他的評價降低，也是這類情況的困難之處。

如同先前在25頁提到的GTD（Getting Things Done）框架中的「專案」分類，**處理這類工作時，第一步就是將專案工作細分成具體執行項目。**

以山田小姐的例子來說，應該先詳細了解新部門的工作內容，鎖定需要熟悉的IT領域，這將是她第一個需要執行的工作。為了打破「不知道該做什麼」的僵局，應該先整理出「首先該做什麼、接下來要做什麼」的綱要，這是邁向行動的第一步。

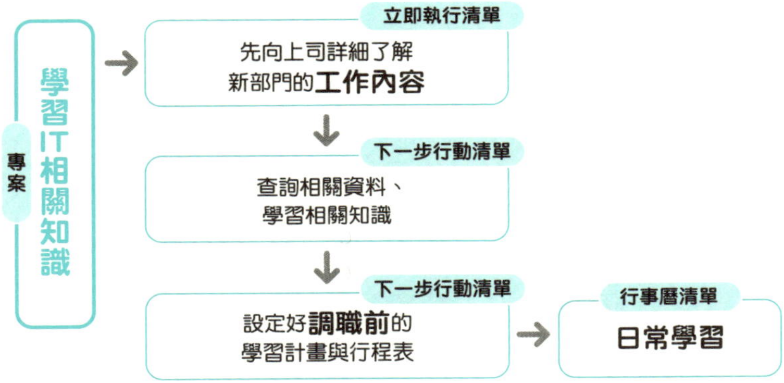
專案
學習IT相關知識
立即執行清單
先向上司詳細了解
新部門的工作內容
下一步行動清單
查詢相關資料、
學習相關知識
下一步行動清單
設定好調職前的
學習計畫與行程表
行事曆清單
日常學習

當大致掌握需要學習的知識範圍後，就可以規劃學習方法並設定完成期限。而起點與終點明確後，像是「需要哪些參考資料」、「在期限內該學習哪些內容」、「學習需要多少時間」等細節也會逐漸清楚。

接著，將拆解後的工作項目加入「下一步行動清單」或「行事曆清單」，就能明確每日該執行的事項。這正是**「將專案拆解成具體執行項目」的過程。**

由於專案相關工作通常無法一次馬上完成，若有急迫的工作介入，應隨時調整時程靈活應對。隨著年資或職位提升，涉及全公司業務改善或經營企劃等專案性工作會逐漸增加，因此，**應在職涯早期培養分割專案工**

作的能力。

專案拆解技巧也能運用在生活中

將專案細分的技巧不僅適用於工作，也能應用在生活當中。像山田小姐這樣，開始接觸新領域，或是想透過投資進行資產管理、轉職以提高年收入等個人目標，都能透過這個方法實現。

即便是個人目標，也應該拆解成具體項目並設定期限。**這項技巧對於想兼顧工作與充實私生活的人來說是必備能力。**無論是購屋、移居地方等長遠的個人規劃，也都可以靈活運用這項技能。

防止拖延的技巧

沒有明確期限的工作，往往容易因拖延而停滯不前。這種情況在沒有人督促的個人目標上更為常見。許多人對於「做不做都無妨」的工作，經常不自覺地一拖再拖。

有很多人容易將不是那麼重要（就算不做也沒關係）的工作拖延到最後。若無法自行設定期限，建議可以**向上司主動報告完成時間，或透過社群媒體公開目標，讓他人參與監督。**這樣會產生「既然說出口了就必須做到」的心理作用，促使自己更積極地朝目標邁進。

Case 7

小結

只要分解目標專案，
就能掌握需要在哪個時間點做什麼事

★

個人目標也能進行項目分解，
使其順利發展

08

[illegible]非必要的工作上花太多時間

之前的報告裡面的名字有錯字，請重新檢查。
工作
這個禮拜的安排全被打亂了！
工作
工作

Case 8 episode

渡邊先生被指派負責製作新的工作守則。他在提交初版成果的同時，也附上了一份供公司內部參考的成功案例的報告。然而，上司發現報告中有員工姓名錯誤，便指示他全部重新確認一遍。渡邊先生覺得，讓他獨自重新檢查所有錯字，不僅會使其他工作停擺，他的工作付出與回報也不成正比……

要學著拒絕
不合理的工作！
可承擔的
工作量
是有限的，

A 留意接受工作可能帶來的負面影響

懂得篩選工作也是工作的一環

透過運用GTD工作流程來徹底整理與規劃工作後，**將會發現一些「優先度低」工作的存在。它們既難以排入行程，對生產力也沒有實質幫助。**像渡邊先生被上司要求重新檢查內部資料的錯字，便可歸類為優先度低的工作。

如果資料中的錯誤會對後續流程造成重大影響，那麼徹底檢查資料是合理的（如第36頁所述）。但若單純只是為了檢查內部參考資料的錯字，卻投入大量時間，並不具實際生產性。

然而，能夠因為這項檢查工作缺乏生產力而拒絕上司指示的人恐怕不多。多數人即使心裡暗自嘆息：「這工作根本是浪費時間」，還是會照辦不誤。

尤其是當上司過度重視績效評估，對部屬要求過高時，這類「缺乏實質效益的工作」往往會不斷增加。若一味遵從上司「絕不能忽視任何可能的錯誤」的指示，最終只會讓工作量持續堆積，導致負擔過重。

上班時間內能完成的工作量有限，我們必須學會捨棄優先度較低的工作，避免負擔過重。

學會表達可能帶來的負面影響

拒絕缺乏實質效益工作的技巧之一，**就是向對方說明執行該項工作可能帶來的負面影響，並將決定權交回對方。**

以渡邊先生為例，他可以告知上司：「如果我進行錯字檢查，會導致這些工作停擺。」藉此讓上司理解自己還有其他更重要的工作，進一步詢問：「在這樣的情況下，這份檢查真的需要我來執行嗎？」

這個方法同樣適用於婉拒被人臨時拜託工作的時候（參考第40頁）。

要注意的是，進行這類溝通前，必須先透過GTD工作流程將手邊的工作整理清楚。如果不清楚自己能承擔哪些工作，將難以進行有邏輯的協調。單純以「我很忙，做不來」的理由，想必很難讓上司接受。

與上司溝通前，應先整理執行該項工作所需時間、為了完成該工作、哪些原本手頭的事情會被延後；若有新的工作插入，該如何調整，這樣能讓溝通與協調更加順暢。

如何分辨「缺乏實質效益的工作」

若無法判斷一項工作是否有實質效益，可以**比較一下執行與不執行該工作的優缺點。**

以渡邊先生的情況來說，重新檢查報告的錯字，優點是確保資料無誤，提供給公司內部、同事之間使用。然而，這份資料僅供內部參考，即使員工姓名有誤，也不會影響後續作業或判斷。

反之，若拒絕執行該項工作，他可以更從容地完成原定計畫，也不會影響其他相關部門的進度。比對後會發現，不執行錯字檢查是更好的選擇。

透過這樣的比較，選擇對整體更有效率、更合理的行動，有助於減少缺乏實

質效益的工作。

但要注意！若因為「我不想做這個工作」的私人情緒影響判斷，反而會讓工作變得更沒有效益。若發現自己受情緒影響，請回歸理性，重新比較各選項的優缺點。

Case 8

小結

並非所有上司交辦的事都要全盤接受，盲目接受所有指示只會降低生產力

★

請避免用情緒做判斷，學會理性比較兩者的優劣

09

實在不擅長
[illegible]處理很多事！

Case 9 episode

負責眾多客戶的小林小姐，經常需要同時處理客戶詢問回覆、報價單製作以及商品購買後的售後服務等，各種工作處理時間重疊，忙得不可開交。

然而小林小姐不擅長同時處理很多事，因此也經常發生粗心失誤，讓工作變得更加繁重。該如何打破這樣的惡性循環呢？

如果不擅長同時處理多項工作，就把每件事分開完成吧！
一團

A 將多項工作分開單獨處理

多項工作重疊的狀態是可以避免的

當同時參與多個需要他人合作的專案時，就會像小林小姐一樣，不得不同時進行多項工作。對於不擅長同時處理很多事的人來說，可以**透過單獨規劃處理每件事的時間，來改善這種情況。**

舉例說明：當同時有報價單製作、回覆客戶諮詢和商業洽談準備三項工作時，若在製作報價單時被詢問打斷而停下手邊工作，或心裡還在掛念商業洽談內容，這種狀態會讓每件事都做得不徹底，效率也會降低。

這時，可以試著在上午專注處理客戶諮詢，下午初步完成報價單製作，接著再準備洽談內容。透過為每個工作安排專屬時間，不需同時處理也能順利推進三項工作。

若是會因為收到郵件就忍不住查看，或因接聽電話而分心，建議在處理報價單的兩小時內，暫時關閉郵件通知和電話。**為了避免多項工作重疊，可以試著找**

多項工作重疊狀態
處理多項工作的時間重疊，
進展停滯…

單一工作狀態
一步一步處理每個工作，
進展順利。

出最適合自己的工作管理方法。

使用這種技巧的前提是，先透過GTD（Getting Things Done）框架將工作整理好。一旦開始忙碌，工作管理很容易被擱置。但若能確實執行「一有新工作就立刻歸類到清單」的習慣，就能減少「接下來該做什麼？」「啊！那個也要做！」這類無謂的思考過程。

「事情多＝多項工作重疊」是個誤解

許多人會說自己不擅長同時處理很多事，然而其實除了管理職以外，真正需要同時處理多項工作的情況並不多。

很多人只是把「工作堆積如山」誤認為是多項工作重疊。

即使是單一工作，若在短時間內需要頻繁切換不同案件，也會讓人感到負擔，誤以為是工作重疊造成的困擾。這種情況下，**可以將不需頻繁切換思緒的工作集中安排，確保能在不中斷專注力的狀態下完成。**

整理工作的方式同樣關鍵。以規劃統一處理郵件的時間為例，若在同一時段回覆工作A、B、C的郵件，仍需頻繁切換思緒，影響效率。

對於不擅長思緒轉換的人，建議**在規劃好的時間內，專注處理單一工作的相關事項，這樣能有效減輕負擔並提升工作效率。**

也有人更適合同時處理多項工作

雖然多數人比起多項工作重疊處理，更適合專注於單一件事情上，但這並不代表所有人都不應該採取多項工作同時處理，也有些人天生擅長這件事。

甚至同一個人在不同工作內容或年齡階段，適合的工作方式也會有所不同。

像我自己在10年前，覺得多項工作重疊處理較有效率，但現在則覺得專注於單一工作上能更順利推進工作。

持續探索適合自己思考模式的時間規劃與工作方式，才能打造高生產力的工作型態。

Case 9

小結

善用 GTD 框架，設定時間逐一完成每件事，使工作更順暢

★

對於不擅長切換思緒的人，應設計能避免思考反覆切換的工作排程，讓工作更有效率

Question

集中力無法持久的情況可以改善嗎？

Answer

在工作時不自覺地瀏覽網頁，或是發呆胡思亂想……許多人都有難以保持專注的困擾。

每個人能專注於某件事的時間長短因人而異，且也會因工作的性質而有所不同。例如，有些人可以對喜歡的遊戲全神貫注數小時，但很少能對工作或學習維持相同的專注力。

換句話說，專注力很大程度上會受到動力的影響。對於缺乏動力的事情，花費數小時投入其中也不一定有效率。

因此，面對不擅長或缺乏興趣的工作時，應先了解自己能夠專注投入這類工作的時間長度。

如果發現自己「大約可以專心30分鐘」，那麼可以將工作分割成30分鐘的單位，搭配適時的休息或其他工作交替進行，會是個有效的方法。

如果需要整天都處理一項不擅長的工作，很可能會讓人心生排斥；但若是改為每天投入1～2小時，持續一週完成，則會比較容易產生「先努力一小時看看吧」的想法。

CHAPTER2

不斷成長的人如何吸收資訊

成長快速的人，
能夠進行正確且高效的資訊吸收。
以下將為各位解說有效整理、吸收資訊的方法。

能夠不斷成長的人會將吸收到的資訊做好整理

正確理解
指示內容！

整理上司的指示並吸收

整理工作的進行方式並吸收

不再出現
「原來不是
這個意思啊⋯」
的情況！

在商業中要取得成果，精準理解對方所說的話，並將其反映在工作上是一項不可或缺的技能。本書將這項能力定義為「整理資訊吸收」的能力。

如果無法有效整理吸收到的資訊，容易因錯誤解讀而導致工作需要重做，或產生意見分歧，進而引發各種問題。

接下來將說明如何整理資訊吸收，不僅能促進自身成長，更能為所在組織帶來利益。

將旁人的建議整理後吸收

能夠吸收
對自己
有幫助的建議！

能發現需要培養的技能！
數據分析
Hi
nice to
meet you!
英文會話
初級
簿記

知識的吸收
也會變得
更順利♪

思維整理方程式 2

運用PAC思維有效率地整理吸收到的資訊！

STEP 1 將對方所表達的內容用「PAC」分析

可以幫忙準備下週的會議資料嗎？
因為專案團隊的所有成員都會出席，
這次會議同時也算是啟動會議。
這次有第一次參加的人，
請製作簡單易懂的資料喔！

試著分析

Premise（前提／事實）	需要製作給所有成員（包含首次出席者）的專案啟動會議資料。
Assumption（假設）	由於有些成員沒有相關背景知識，如果只針對核心成員的理解程度來說明，可能會導致解釋不夠完整。
Conclusion（結論）	應該製作能讓所有人理解整個專案概況、內容簡單明瞭且完整性高的資料。

STEP 2

確認P（前提）、A（假設）是否正確

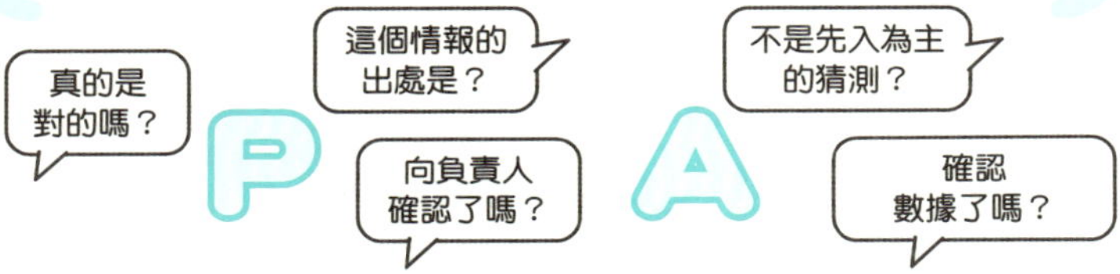
真的是
對的嗎？
這個情報的
出處是？
P
向負責人
確認了嗎？
A
不是先入為主
的猜測？
確認
數據了嗎？

需注意的是，若P或A任何一方出現錯誤，就有可能影響C（結論）的正確性。

STEP 3

利用積極傾聽
彌補資訊不足與矛盾

事前是否還有
其他已分享給
參與者的資料呢？
請允許我再次確認
這次會議的目的。

透過向對方確認不明確的部分，提升資訊整理的準確性。

為了準確理解對方的意圖，有必要盡可能客觀地整理所獲得的資訊。排除個人主觀與過度樂觀的推測時，框架思維會派上用場。

PAC思維是一種用來整理想傳達內容的框架工具。此外，將所吸收到的資訊套用到PAC框架中，還能幫助判斷邏輯是否一致。

換句話說，透過PAC思維仔細檢視前提・事實與假設，反覆確認與驗證，就能排除主觀偏見，得出更客觀合理的結論。

10

收到的指示太過籠統

Case 10 episode

上司請伊藤先生在下週以內整理資料的摘要：「簡單概括一下，讓大家都能理解就好」伊藤先生當時接下來時並未特別在意，但一旦開始著手處理時，卻產生了各種疑問：「星期五交就行嗎？」「『大家』是指誰？」「『簡單概括』指的是什麼程度？」等問題。在他要開始實際著手工作時，反而陷入了困惑，無法進展。

「在週四進行
一次確認」、
「以條列方式
網羅所有資訊」。
「『下週以內』
的具體時間」
「『大家能理解的
程度』是什麼
範圍？」
將含糊
不清的
部分量化！

A 收集運用PAC思維所需要的相關資訊

為何會產生「籠統的指示」呢？

當你試圖進行上司交代的任務時，是否曾經在工作開始前停下來想：「這個要在什麼時候完成？該提交什麼內容？」

常會有這種情況——剛開始接下來時，也許沒太在意，但一旦開始處理，卻發現指示太模糊籠統，讓人不知該如何開始。

許多工作，像是公司內部的會議資料或報告書製作，通常會產生這樣的籠統指示。對上司來說，可能覺得「照常製作資料就好」，因此不覺得需要給出詳細指示，結果就會造成向部屬給出不清楚指示的情況。

有時，也會出現部屬輕易地接受，未經深入思考就開始執行這樣工作指示。導致開始作業後可能會發現資訊不足、時間不夠，或是被認為工作進度太慢。

而若自行做出判斷並開始工作，也可能會交出與上司預期不同的資料，最終需要重做。因此，若不在籠統指示上多加確認，將容易浪費時間或發生失誤。

透過積極聆聽來明確指示

思維整理的原則，就是不放任含糊不清的指示不加確認。首先，要將像「希望下週之內交給我」或讓大家都能理解就好」這樣過於籠統的表達，轉換成具體的指示，例如：「希望星期三回顧一次，星期五前完成」；或者「希望能夠做為會議的基礎資料，請以條列式方式網羅所有資訊」。這樣才能讓指示更清晰。

積極聆聽能夠有效地使上司給出量化的資訊。

在這種情況下，不應該直接抱怨上司的指示太籠統，而是應該好好聆聽上司的指示，然後問些具體問題，例如：「『下週之內』是指在星期五前完成嗎？」、「提交前是否需要先讓您檢查一下？」透過這樣的提問，能夠引導出具體的資訊。

將模糊而籠統的資訊量化，其實是實踐PAC思維的準備工作之一。只有在必要的資訊收集完整後，才能夠進行資訊整理。

日本特有的「訊息解讀責任」文化

積極聆聽之所以是重要的溝通技巧，與日本特有的「訊息解讀責任偏向接收者」的文化有關。

例如，當指示沒有被順利執行時，在美國通常會認為是傳達者表達不清或資訊不足所導致；但**在日本，責任往往被歸咎於接收者，認為是因為對方沒有正確理解指示。**

有時候，也會遇到那些自己也不確定目標，卻給部屬或同事發出籠統指示的人。這種情況下，對方會將負擔全推給接收者。在這種情況下，即使你嘗試進行積極聆聽，對方可能只會回應「自己想想看」。

在這種情況下，反而可以主動提出自己的想法：「我打算從這個角度出發，這樣進行處理，您覺得怎麼樣？」這樣便可以進行基本的認知對齊。如果對方說「不對」，那麼就可以詢問具體要調整的部分，這樣才能達成共識。

如果對方只是回應「不對」，而沒有給出具體方向，並且溝通花費太多時間，那麼就應該提問：「目前無法確定方向，您能否更具體告訴我如何進行？」如此一來，就能幫助你控制自己的負擔。

Case 10

小結

積極聆聽有助於引導出所需的關鍵資訊，為整理和吸收資訊奠定基礎

★

如果放任含糊不清的指示不加確認，往往會被歸咎於訊息接收者的錯誤，因此必須特別留意

11

[illegible]已經按照吩咐的去做了…

這樣一份
寫著密密麻麻數字的
提案書不行啦～
欸？但是
您吩咐我製作一份
傳達產品規格的
提案書啊！
不是這個意思啊…

Case 11 episode

佐佐木小姐接到上司指派，負責製作一份提案書，內容需讓客戶了解自家產品的規格。她依照要求詳盡整理出規格數據並完成資料。然而，當他將資料交給前輩檢閱時，卻被前輩指出：「光是密密麻麻的數字，根本無法讓客戶感受到產品的魅力，甚至可能連資料都不會看完。」為什麼她明明按照指示完成工作，卻還是被批評呢？

骨架
想傳達的重點應該是這樣～
架構草案
圖表應該這麼使用～
完成版
效果不錯！謝謝！
反覆而多次的進行確認，避免做到最後才發現陷入自己的思維盲點！

A 透過多次確認確保彼此認知相同

僅僅按照最初「被要求的內容」去執行是不夠的！

佐佐木小姐的情況看似與伊藤先生因籠統指令而困擾的情形（參照82頁）類似，但問題的核心並不相同。佐佐木小姐面臨的困境，主要源於**未能充分與委託方進行溝通確認，導致雙方認知未達一致。**

當被指派製作重要資料時，直接提交最終版的成品並非最佳做法。應透過多次溝通確認，逐步完善資料，這樣能更有效率。常製作許多資料或報告的顧問業界中，採用「快速簡略法（Quick and Dirty）」的方式，先製作出大致的骨架，通過多次溝通確認，提高資料的完整性和質量。

舉例來說，首先整理主題與需要記錄的項目，形成骨架；接著依委託方對於骨架的意見，完善構成草案；最後再根據構成草案的確認結果，完成最終版本的資料。

如果佐佐木小姐一開始就向前輩傳達她打算「整理出涵蓋所有數據的產品規格資料」的骨架，可能早就得到如：「應該是讓資料傳達產品魅力且易讀，而非僅僅羅列數據」這樣的回饋。

像這樣的「對方所說的內容」與「自己理解到的內容」之間，往往存在認知偏差。**如果缺乏認知調整的確認步驟，即使是按照要求完成的工作，也可能不符合對方期待。**

運用PAC框架確認自己的認知

整理接收到的資訊，首要目的是正確理解對方的需求。然而，**人們往往無意中根據自身經驗對資訊進行補充或改編，導致錯誤解讀。**

佐佐木小姐將「讓客戶了解產品規格」的指示，理解為「將所有規格數據記錄下來」，她認為只要羅列完整，客戶自然就能「了解」。但這是一種思維盲點，並未站在客戶的角度考量資料是否能突出產品優勢。

而PAC框架可以幫助減少這種解讀偏差。在開始製作骨架前，**將自己的認知套入PAC框架中，檢查「前提、事實」是否正確，並檢視「假設」與「結**

P 被要求製作一份能讓客戶了解自家公司產品規格的資料。

A 若將指定產品的規格盡可能詳細地調查並整理，對方應該能夠理解這些產品。

C 決定收集大量產品規格的數據並將其羅列在資料中。

客戶究竟想看到什麼？

已經存在羅列產品規格的資料了嗎？

從單純羅列數字的資料中，能讀出什麼樣的資訊？

論」是否存在矛盾或違和感。

例如，為了製作符合對方期待的資料，可以嘗試將「自己對對方需求的認知」套入PAC中進行整理。以佐佐木小姐的案例為例，可能會製作出如上圖所示的結構。然而，檢視這個圖時，可能會冒出一些疑問，例如：「客戶真的需要大量的規格數據嗎？」或者「如果只是列出規格的資料，是否已經有現成的版本存在了？」

透過將自己的認知具象化後，才能發現許多隱藏的疑問與未曾注意到的細節。此外，若前提或假設不明確，也能意識到當前所掌握的資訊可能存在不足之處。

當對方認為自己做成的骨架跟對方認知不符合時，通過ＰＡＣ可明確指出錯誤點是前提、假設還是結論。這能降低修正的難度，減少無謂的修改負擔。

如果你經常感到「需要重做工作」或「工作成果不理想」，可以從小的任務開始，先製作骨架來確認對方需求，減少解讀錯誤。如此一來，不僅提升效率，還能提高工作質量。

即使有時工作仍然不如預期，但建立在資訊整理基礎上的失敗，往往能帶來更多啟發和收穫。

Case 11

小結

不要直接交出完成品，
和對方進行溝通確認是關鍵！

★

不要過度相信自己的認知，
用 PAC 精準整理接收到的資訊！

12

[illegible]都不相同

只要掌握
客戶的需求，
自然就能讓他們下單啦！
不稍微
強勢一點，
要達成目標
恐怕很難吧～
保持微笑
接待客人，
一切就會
順利囉～♪
大家說的
都不一樣，
到底該怎麼做…

Case 12 episode

在電信門市擔任銷售員的中村先生，最近銷售業績不見起色。他向業績表現優異的主管和前輩們請教建議，但每個人的說法都不一樣，讓他無從下手，不知道該如何運用這些建議。更糟的是，給他建議的前輩還會追問：「我上次教你的方法，有照著做嗎？」讓場面變得尷尬不已。中村先生感到困惑，到底該怎麼做呢？

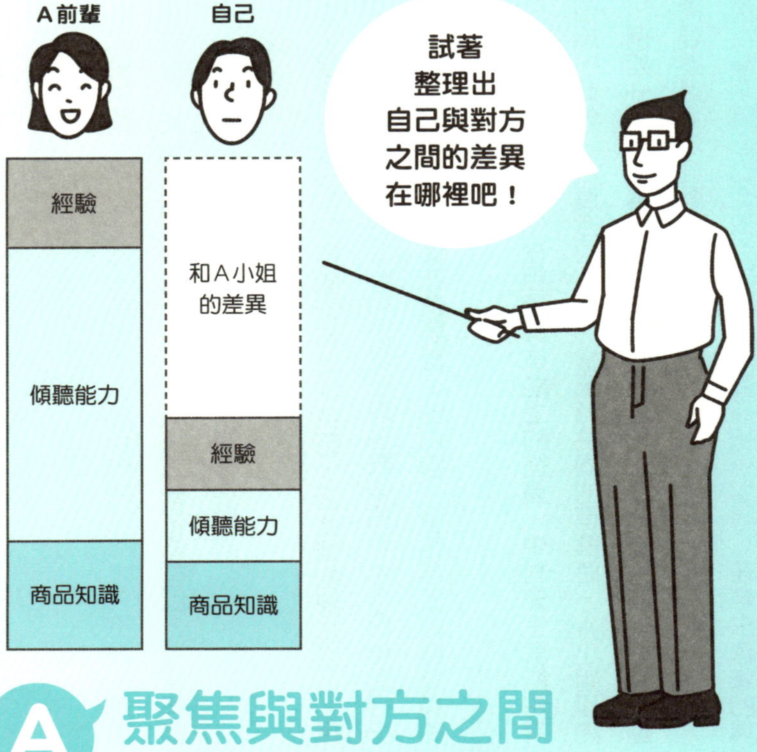
A前輩
自己
試著
整理出
自己與對方
之間的差異
在哪裡吧！
經驗
傾聽能力
商品知識
和A小姐
的差異
經驗
傾聽能力
商品知識

A 聚焦與對方之間思考前提的差異！

獲取的建議不要照單全收

旁人給的建議之所以各不相同，**是因為每個人擁有的特質和技能不同，最佳解決方案案也會隨之改變**。從他人那裡獲得的建議並不能「直接套用」，要讓建議成為有用的指引，**必須釐清自己與對方之間「思考前提」的差異**。

例如，前輩A小姐擁有優秀的傾聽能力和溝通技巧，因此她的建議是：「保持微笑接待客人，一切就會順利進行。」如果以左頁圖表中的PAC思維進行分析，可以發現，A小姐的建議關鍵不僅在於表面上的內容，還包含了她自身具備的前提條件——熟練的技能。

透過具體呈現A小姐和中村先生在經驗與技能上的差異，中村先生就能更清楚地說明自己的困惑。此外，當雙方對彼此的情況有共同的理解時，A小姐可能會提出新的建議，例如「可以更專注於傾聽顧客的需求」或「你的商品知識已經沒問題，接下來需要透過實際經驗來強化溝通技巧」。

PAC思維**能協助明確自己與對方的差異，從而統一認知**，在尋求建議的場

＼ A 前輩的思維 ／

P 對於中堅以上的員工來說，擁有「傾聽能力」、「商品知識」和「銷售話術」等技能應該是理所當然的。

A 如果技能差異不大，提案內容也不容易有太大區別。為了讓顧客覺得「這個人值得信賴」、「很容易交談」，更應該注重具備親和力的接待態度，這樣才能更有效地達成成果。

C 保持微笑接待客人，一切就會順利。

合中非常實用。

不應該毫無目標的尋求建議

中村先生雖然得到了不少建議，但無法有效運用的另一個原因在於，他**只是隨意向熟悉的主管和前輩請教建議，卻沒有仔細挑選真正適合的人來提供建議。**

如果無計畫地向不同的人請教，不僅容易讓自己感到混亂，還可能引發人際關係上的問題。給予建議的一方通常希望自己的時間與努力能產生價值，若發現對方沒有實踐建議，很可能會心生不滿：「我特地抽出時間為你設想，卻沒見到任何行動。」

那麼，應該如何選擇尋求建議的對象呢？

一個可行的標準是選擇**「自己希望參考的榜樣」或「在工作中對你的成果負有責任的人」，如直屬主管或團隊領導。**向平時敬仰的榜樣請教，並透過ＰＡＣ思維整理建議，就能清楚了解自己需要補強的經驗與知識，有助於提升技能。

此外，直屬主管或團隊領導因為你的表現會影響他們的評價，通常會更願意提供實用且真誠的建議。

設定尋求建議的優先對象，就能避免因「不知採納誰的建議」而困惑。

當你在向他人尋求建議時，能夠考量到「採用誰的建議能為自己與團隊帶來最大效益」時，不僅有助於個人的技能提升，也能進一步提升整個團隊的績效。

運用ＰＡＣ思維深入剖析自身課題

在尋求他人建議之前，**深入剖析自己的問題同樣重要。**

將課題「銷售業績無法提升」
＼透過 PAC 思維進一步剖析後發現：／

P 從某個時期之後，自己的銷售業績便停滯不前，在接待時也感受不到進展。

A 由於沒能掌握顧客需求，無法有效進行多階段銷售或交叉銷售，因此自新人時期以來，自己的業績始終沒有提升。
此外，自己的商品說明也過於照本宣科，導致商品與服務的吸引力無法傳達給顧客。

C 為了更好地掌握顧客需求，自己可以著重提升傾聽能力；而為了能夠更準確地推薦適合的商品與服務，則需要進一步增強商品知識。

例如，中村先生面臨的挑戰是「銷售業績無法提升」，他可以依照上圖所示，運用PAC思維來分析：「向具備優秀傾聽能力的A前輩請教建議」或是「與商品知識豐富的B先生交流」，如此一來，不僅能清楚地找到合適的對象請教，也能確定解決問題的方向，進一步提高獲得實用建議的可能性。

在與人商量時，務必要將透過PAC思維整理出的資訊與對方共享。

如果沒有清楚的前提與目標，就像在沒有決定目的地的狀態之下，對方連你打算上山還是在平地行走都不清楚，就盲目詢問對方：「騎自行車還是走路比較好？」如果是山路，徒步可能更適合；但若是平坦道路，自行車才是最佳選擇——條件不同，適合的建議也會有所改變。為了避免浪費彼此的時間，這類資訊整理是不可或缺的。

不僅如此，**PAC思維不僅能用於整理收到的建議（資訊吸收），也能用來分析自身的課題，從而找到更加有效的解決方案。**

Case 12

小結

建議會因每個人的經驗與技能各有差異，通常無法直接照搬使用

★

與人商量時，記得分享整理好的PAC資訊！此外，選擇適合的建議對象也至關重要

column 05

讓心情變得輕鬆的思維整理

Question

收到旁人建議時，怎樣才能不變得情緒化？

Answer

無法坦然接受前輩或主管的建議，往往可能是因為將給自己的建議解讀為「對自己的一種否定」。

即使那份建議是負面的內容，也應該將其視為「針對失敗結果的評價」，而非「人格本身的否定」，並嘗試將情緒與建議分開來看待。這樣一來，就能以更積極的心態接收建議，並視其為了解如何避免重蹈覆轍的方法。

如果仍然感到不舒服，可以嘗試用更抽離的心態看待對方的話。例如，將對方想像成「馬鈴薯」，告訴自己「喔，馬鈴薯在說話呢」，從一個旁觀者的角度來接收建議，便能減少情緒上的波動。

此外，也可以試著接受「自己感到沮喪是難免的」這個事實，並準備一些提升自我肯定感的方法。例如，每天存一百元作為獎勵基金，當被旁人批評時，使用這筆儲蓄來獎勵自己，買一些心儀的小禮物。如此一來，甚至可能會轉念一想：「存了這麼多錢，現在被批評一下也沒什麼大不了的！」心情也能因此變得輕鬆不少。

13

我該做些什麼
自己進步呢？

先開始
學英文…
Let me explain…
還是來學個
程式語言呢？
Python
嗯~
亦或是
日常生活中
也能應用的
理財規劃？
FP3級

Case 13 episode

踏入職場第三年的吉田小姐，對工作已漸漸上手之後，開始思考如何提升自己的能力以實現職場成長。然而，她不知道該學習哪些技能才最為合適。英語或程式設計語言等熱門技能浮現在腦海中，卻無法想像這是否真的有助於自己的成長。吉田小姐感到困惑，但又覺得光是苦惱也解決不了問題，是不是該先開始學習再說呢？

Premise		Assumption		Conclusion	
想成為更出色的職場人士。	▶	優秀的職場人士具備多樣技能。	▶	因此應該培養新的技能。	✕
想成為更出色的職場人士。	▶	活躍在職場的人，通常擁有他人所沒有的技能強項。	▶	因此應該專注於習得稀有且高價值的技能。	○

透過PAC思維
進行整理，
能發現假設中的漏洞，
找到問題的突破口。

A 試著整理現階段的「未知」吧！

試著用PAC思維整理無解的煩惱

在現今的日本，只要多少具備些能力，基本上都可以選擇自己喜歡的職業。另外，隨著年輕時轉職成為常態，越來越多人像吉田小姐一樣，開始為「必須找到未來的夢想或目標」而感到困惑。

為了快速獲得顯著的成長，許多人傾向於學習熱門的資格或技能，**但「學習資格或技能等同於成長」的想法是否正確？**首先，我們可以透過PAC思維來驗證這一點（如左頁圖示所示）。

經過這樣的整理後可以發現，盲目地吸收資訊或學習新事物並不一定能促進成長。**資格與技能本質上是為達成某些目標而需要的手段，若將「為了成長而學習」視為唯一途徑，則是將手段與目的混為一談了。**

那麼，是否代表沒有具體夢想或目標的人就無法成長呢？

這個答案也是否定的。想要成長卻不知道該學什麼，**主要是因為自己對「自**

取得資格或技能就能成長嗎？

P 既然在工作，就應該以成為更出色的職場人士為目標。

A 優秀的職場人士通常知識豐富，擅長處理各種事務，應該也擁有多項資格與技能。

C 為了成長，是不是應該學習某些資格或技能呢？

➡ 結果，還是無法確定究竟該學什麼……

己作為職場人士的成長」缺乏明確的定義。

所謂的「成長」其實可以有很多指標。有人認為收入增加是成長，有人則認為掌握新技術或知識才是成長。

假設你認為「收入增加＝成長」，那麼可以考慮取得與加薪或升遷相關的資格，或是培養對高薪行業有利的技能。

透過這樣設定具體的目標，再結合ＰＡＣ思維反覆驗證假設，就能逐漸明確應採取的行動方向。

ＰＡＣ思維不僅能作為一種框

架，也能成為面對模糊煩惱時的指引工具。

目標不需要追求「高大上」

並非每個人都對工作有極高的熱情。如果你希望兼顧生活品質，可能更傾向於選擇「工作時間穩定」、「負擔適中」的行業或職場。但需要注意的是，對於容易上手的工作，可能會被更有動力的人取而代之。

為避免這種情況，可以**考慮學習「市場規模大且具稀缺性」的技能**。在龐大的市場中提升自己的稀缺性，即使能力平凡，也能成為無可替代的重要人才。

此外，若想在日新月異的社會中能夠持續生存並發展，就**必須具備一種長遠的策略眼光，思考未來三～五年間如何更好地契合社會需求。**事實上，我所遇到的優秀職場人士，大多不拘泥於自己一開始規劃的職涯，雖然會在一定程度上受運氣影響，但都能在每個階段選擇出最合適的道路。

從這個角度來看，「無法想到自己真正想做的事情」這種煩惱，或許反而可以成為一種優勢——能夠靈活應對時代需求，調整自己的職涯方向。

Case 13

小結

資訊吸收≠成長！
資格與技能只是達成目標的手段

★

只要明確設定目標，並反覆運用PAC思維進行檢驗，
就能看清需要採取的行動

Extra

收集與新業務相關的資訊好難

應該找誰
幫忙檢查？
要確認
數字的話，
應該看哪裡呢？
這份文件的
完成期限
是什麼時候？

Case Extra episode

加藤先生被委派處理幾年後即將實施的新法制度相關事宜，面對全新的工作內容，需要學習的事情實在太多，讓他倍感吃力。他需要邊與稅務師商量完成申請文件，邊與公司內部成員開會，為建立新體制做準備。由於這項工作不容許犯錯，進展只能一步一步來，但困難不斷，業務總是難以順利推進。面對如此龐大的資訊，要如何才能高效地整理並處理這些資訊呢？

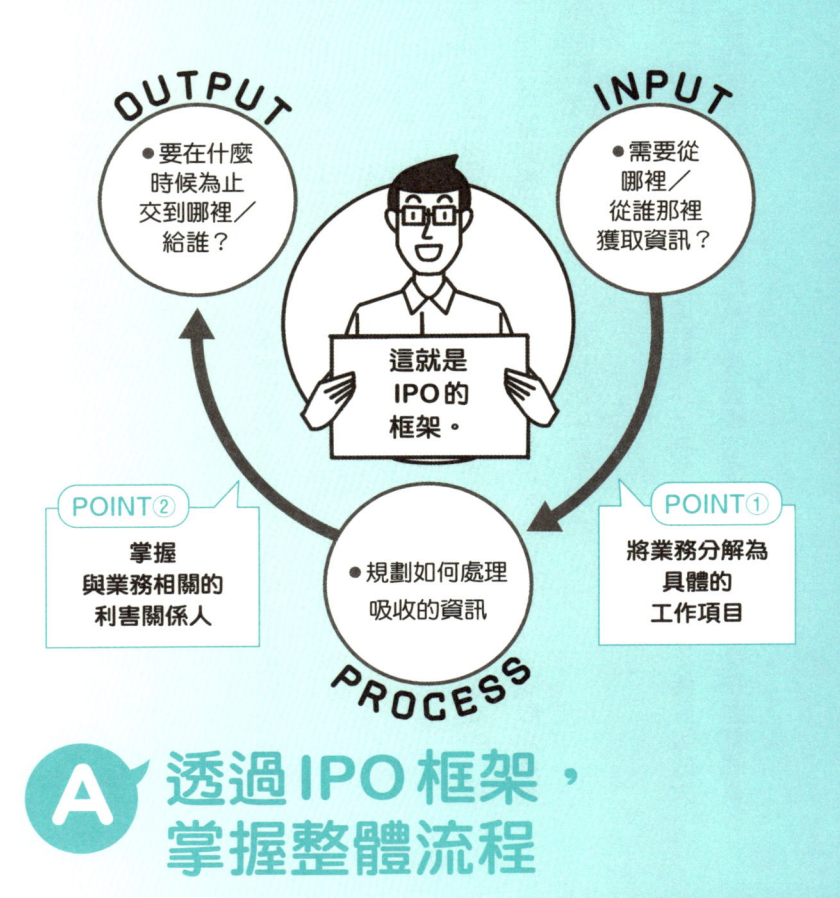

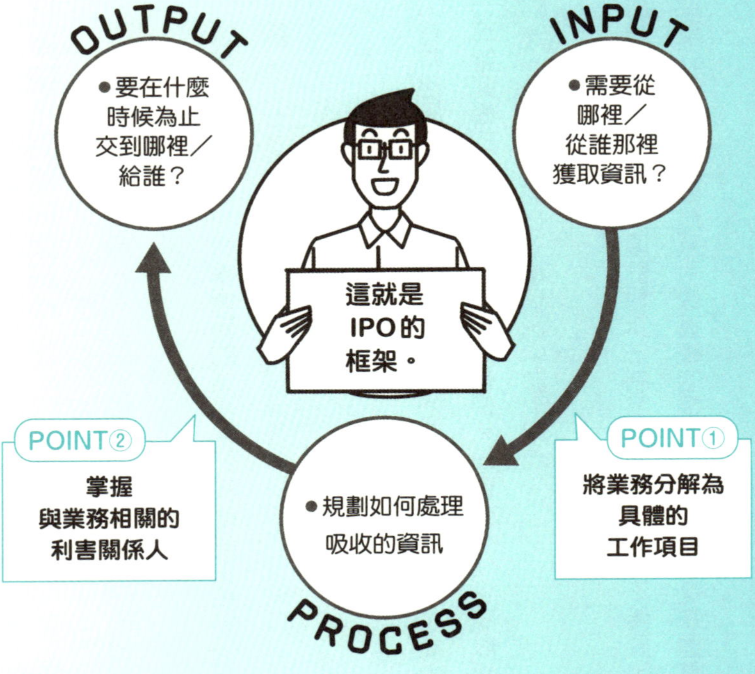
OUTPUT
●要在什麼時候為止交到哪裡／給誰？
INPUT
●需要從哪裡／從誰那裡獲取資訊？
這就是IPO的框架。
POINT②
掌握與業務相關的利害關係人
●規劃如何處理吸收的資訊
POINT①
將業務分解為具體的工作項目
PROCESS

A 透過IPO框架，掌握整體流程

將IPO框架運用到新的業務中

在第二章中，我們說明了如何運用PAC思維框架，來整理並驗證日常工作中接收到的資訊，以達成有效的吸收。

而在工作中，也常會遇到需要快速掌握新的業務手冊或組織規範的情況。

本章最後將介紹**「IPO框架」，一種通過整理業務全貌來幫助順利吸收新資訊的方法。**

在大企業中，有時可能會被調至完全不同領域的部門；而在中小企業中，經常需要兼任非自己專業範疇的業務。無論是哪種情況，學習如何快速吸收新業務內容是必不可少的。IPO框架能在這種情況中派上用場。

在例子中，加藤先生被委派了一項針對新法制度實施的任務，不僅要吸收大量的知識，還需要建立相應的業務體系。像這樣的情況，第一步就是掌握整個業務的全貌。

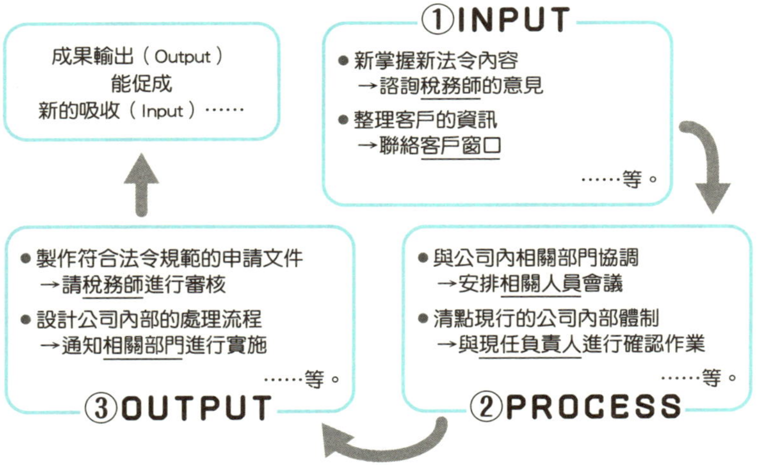
①INPUT
●新掌握新法令內容
→諮詢稅務師的意見
●整理客戶的資訊
→聯絡客戶窗口
……等。
②PROCESS
●與公司內相關部門協調
→安排相關人員會議
●清點現行的公司內部體制
→與現任負責人進行確認作業
……等。
③OUTPUT
●製作符合法令規範的申請文件
→請稅務師進行審核
●設計公司內部的處理流程
→通知相關部門進行實施
……等。
成果輸出（Output）
能促成
新的吸收（Input）……

如何使用IPO框架掌握全貌呢？首先，從**「①要在什麼時候為止交到哪裡／給誰」、「②規劃如何處理吸收的資訊」、「③需要從哪裡／從誰那裡獲取資訊」**這三個觀點，逐一梳理業務組成的具體工作項目（如上圖所示）。

透過這樣的全面整理，不僅能清楚掌握自己需要親自執行的工作內容，還能明確辨識與業務相關的利害關係人（Stakeholders）。例如：「需要請A先生協助檢查某部分業務。」或是「這部分工作需要委託給X部門，因此應事先與他們協調。」透過釐清業務全貌，能讓新業務的執行更有條理且更有效率。

如此一來，就能避免「不知道該向誰詢問什麼」「這部分應該找哪個部門確認？」的混亂，並減少確認或請求遺漏等錯誤發生的機率。

「工作進展不順利」是什麼樣的狀況？

接著，若要整理加藤先生感受到的「工作進展不順利」的情況，可以歸納為兩種類型——「作業品質無法提升」以及「與相關人員的溝通不順暢」。

例如在政府機關中，**工作內容本身被稱為「實質內容」(Substance)，而其餘的事宜則被歸類為「物流管理」(Logistics)**，以此進行工作與工作之外的業務區分。

以加藤先生的案例來看，製作申請文件屬於實質內容，而與稅理士或公司內部成員的交流則屬於物流管理。

從這兩個角度出發來整理工作內容，應該能夠發現「進展不順利」的真正原因。此外，如果能找出自己擅長的部分，無論是「實質內容」還是「物流管理」，都可以以此為軸心推動工作，找到更有效率的執行方式。

會做事的人持續學習

幾乎每個人在工作中，都會面臨需要學習新業務的情境。而所謂的「會做事的人」，通常對於吸收新知識或技能都抱有極大的熱忱，並且善於處理大量的資訊與學習內容。

同時，無論是開始新興趣需要學習相關知識與技術，還是參與地方社區活動並熟悉新的人際關係與活動規則，**工作以外的場合中同樣有許多需要吸收新資訊的情境。**

藉由活用IPO框架，不僅可以提升工作效率，還能讓個人生活更充實。

Case Extra

小結

把握全貌，提升新業務執行效率！
透過吸收 (Input)、處理 (Process)、成果輸出 (Output) 進行整理

★

工作內容可以分為「實質內容」與「其他事宜」，進展不順的原因是屬於哪一部分呢？

column 06

讓心情變得輕鬆的思維整理

Question

聽取能力出色的前輩或上司的反饋，總是令人感到害怕，該怎麼辦？

Answer

害怕對方給出的反饋，往往是因為擔心會受到令人感到負面的壓力。特別是對自己工作缺乏自信的人，更容易將對方的發言視為對自己的負面評價。

然而，反饋並非針對人格的攻擊，而僅僅是對自己所提供資訊的評論而已。試著正面看待自己的行為，並將與對方的交流視為合理且正常的溝通。

此外，有時我們會因為「這麼一點小事就占用了對方的時間，實在很抱歉」或「會不會被認為是無聊的問題」而對尋求對方反饋而感到內疚。

但只要尋求幫助的次數適當，且對象選擇合適，就沒有必要感到愧疚。如果還是感到不安，可以事先將想要請教的內容整理成文字，以便更順暢地進行溝通。

我們往往容易將優秀的前輩或上司看得過於高不可攀，但其實不需要過度害怕，也無需因此而貶低自己。

CHAPTER3

「靠得住的人」如何輸出成果？

能夠贏得周遭信賴的人有一個共通點，那就是「輸出的成果條理分明」。
接下來，讓我們一起了解如何透過簡單的公式，把事情傳達得清楚易懂。

受到信賴的人
給出的成果必然條理分明

能迅速傳達想表達的內容

不容易產生
誤解或偏差！

報告、連絡與商量都能準確傳達

隨時正確地
共享狀況！

在前一章中，我們解說了如何正確理解對方意圖，吸收資訊的方法。而當自己處於表達的一方時，則需要注意提供清晰且不易產生誤解的輸出內容。

只要能做到適當的表達（輸出），不僅能獲得周圍的信任，還能順利推進工作。我們接下來將介紹，即使是不擅長說話，或對溝通感到困難的人，也可以馬上實踐的表達「公式」。

能清楚地將指導內容傳達給後輩

減少「不是已經教過了嗎……」這類情況引發的不滿！

委託的事項能準確傳達
OK!

放心地將工作交付給他人！

STEP1

將想傳達的內容運用「PREP法」進行整理

● 如果想要推銷季節限定的新商品……

去年好像也是銷售一空的樣子…

季節限定商品通常銷售表現很好。

銷售前景樂觀，對客戶來說也沒有損失。

這款新商品在試吃會上獲得了好評。

希望自家的新商品能陳列在貴店的店面。

Point（結論）	希望貴店能進貨我們的季節限定新商品。
Reason（理由）	這款商品在試吃會上深受好評，銷售前景值得期待。
Example（依據、具體例子）	去年推出的季節限定商品銷售狀況良好，有些門市甚至很快就賣到缺貨。季節限定商品因為新穎性，不僅吸引消費者目光，也能提升顧客的滿意度。
Point（結論）	基於上述理由，希望貴店能引進這款季節限定的新商品。我們相信這將有助於提升貴店的營業額。

在推銷時，重點在於不僅考量自己的需求，也要明確傳達對合作客戶的優勢和好處。

STEP 2

說服與提案時，用 SCQ 補強內容

S Situation（情境）

與對方共享主題與背景，統一認識：
為了提升顧客滿意度，隨季節調整商品陳列是必要的。

C Complication（複雜化）

將情境「複雜化」，引發對方興趣：
然而，季節限定商品是否暢銷往往要等到陳列後才知道，因此銷售預測面臨困難。

Q Question（問題）

根據 S 和 C 提出關鍵問題，引導對方思考：
如果有季節商品，其消費者口碑已確認且銷售預測明確，您會不考慮進貨嗎？

在整理向他人表達的內容時，需要同時兼顧「傳達方式」和「內容結構」，因此需要一個雙向的公式來進行處理。

第三章中，我們將介紹兩個框架：「PREP」用於整理傳達方式，「SCQ」用於補強內容結構。

如果你已經清楚想傳達的內容，只需使用 PREP 來整理傳達方式即可。然而，在需要進行說服或提案的情境中，就需要透過 SCQ 來補強內容結構。

透過這兩個公式的運用，能夠打造出清晰且具說服力的表達。

14

寫一封信花太多時間

Case 14 episode

井上先生經常需要透過電子郵件與客戶進行溝通，但他非常不擅長撰寫郵件，每次都需要花費大量時間才能完成。即使手頭還有許多其他待辦事項，一封郵件有時也需要耗費超過30分鐘。然而，如果他急於寫出郵件，表達的內容可能會不夠清楚，這讓他在效率與準確性之間苦惱如何平衡。

○○○○○○○○○○

收件者：：○○○

主旨：關於A-00123的交貨日程

○○先生／小姐

感謝您平日的支持與關照，
我是三角製作所的井上。

關於您上次諮詢的排程事宜，現階段我們無法完全滿足您的需求，
因此建議先行進行材料訂購作業。原因為目前公司內部資源不足，
短期內無法投入人力；以及材料的追加採購預計需要約一週時間。
由於本週內我們無法安排可執行的工作人員，若先行完成材料訂購，並從
下週開始安排人力進行作業，預計可在○日前完成交付。因此，雖然無法
遵循原本的時間表，但希望上述替代方案能提供您參考。
造成不便，敬請見諒，並請您確認後回覆。
還請多多指教。

開頭與結尾使用定型化語句，減少花費時間在格式上的考量。

只要先明白「該寫什麼」，就能快速完成郵件撰寫！

A 活用 PREP 架構

若能確定固定的格式，寫信就會更輕鬆

許多人寫信花時間，是因為每次都從零開始思考郵件內容，例如：「開頭該怎麼寫？」「要用什麼順序來說明？」在構思結構或反覆推敲文字時，不知不覺就耗費了數十分鐘。

若想快速且清楚地完成郵件，建議可以採用PREP格式。

首先，**將郵件的目的作為PREP的P＝Point**，放在一開始。例如：「關於您之前詢問的排程問題，無法完全符合您的需求，我們建議先行進行材料訂購作業，您覺得如何？」

接著，**補充P的原因，這就是R＝Reason**——「原因是目前公司內部資源有限，且材料追加調度需要時間。」

之後，為了讓對方能更容易理解與判斷，可以加入具體的例子，即**E＝Example**，例如：「目前我們在本週無法安排人員，但若先進行材料訂購，下週安排人員作業，預計可在〇日前完成交付。」

最後，**再次重申P**，例如：「因此，雖然無法符合您的原定時間表，但希望上述替代方案能提供您參考。」

當你將這樣的結構當作固定格式，就能在撰寫郵件時更快速，並確保內容清晰明瞭。

此外，**可針對不同的收件對象**（如內部成員或外部客戶）**準備三至四種不同的固定開頭與結尾格式**，更能進一步提高效率。

重視清楚表達，無需過度拘泥於商務用語

有些人在寫信時，會過度擔心「會不會冒犯了對方？」或「書信格式規範是否正確？」因此花了太多時間，也可能因為避免失禮而使用過於迂迴的表達，導致內容不清楚。

但實際上，清晰且簡潔的文字往往更受商務場合歡迎，甚至比一字一句都正

確的書信格式規範或措辭更重要。**商務郵件的目的在於準確傳達訊息**，只要表達方式得當，自然能展現對對方的敬意與考量。

除非是非常不合理的錯誤，否則大多數人不會對小錯字或語法問題太過苛責。相反地，應該專注於如何讓對方能快速且明瞭地讀懂郵件內容。

另外，**將問題集中放在郵件的開頭或結尾**，也是提高對方理解的重要技巧。

確認郵件長度是否合適

若發現撰寫郵件過於耗時，原因之一可能是要傳達的訊息太多，超出了郵件溝通的適當範圍。

如果總是寫成長文，不妨試著檢查郵件內容。**若閱讀這封郵件需花超過3分鐘，那麼應考慮另外補充溝通。**

能夠補充溝通的方式，包括直接打電話詳述郵件內不足的訊息，或安排直接的對面會議，甚至可以將郵件內容整理成附加檔案的形式。

只要事先準備好符合PREP格式的固定模板，並堅持「儘量簡潔」的表達原則，便能減少迷茫，顯著縮短撰寫郵件的時間。

Case 14

小結

運用PREP格式提高效率！
不用過度拘泥書信格式或措辭

★

簡潔易讀才是商務郵件的重點。
若內容過長，記得善用其他方式來補充溝通

15

Case 15 episode

出社會第3年的木村小姐，作為年輕員工的代表，越來越常在會議中被要求表達意見。她希望能夠確實傳達基層年輕員工的聲音，因此在發言時總是綜合多位同事的意見與具體事例。不過，前輩和上司的反應卻總是不如預期，經常會有人問：「這是什麼意思？」「你到底想說什麼呢？」讓木村小姐感到相當挫折。

PREP
無論是傾聽
還是發言，
都別忘了
運用PREP！

A 按照PREP結構來表達意見吧！

用PREP整理會議發言

如果無法掌握會議的主旨或全貌，即使再努力表達意見，也可能讓其他與會者覺得你在說些讓人摸不著頭緒的話。即便是在以自由交流為目的的會議上，也是如此。

像木村小姐這樣，覺得自己的發言無法被聽眾很好地理解的人，可以試著**提前準備一份簡單的「會前議事錄」。**根據會前共享的議程，預先將各個議題可能涉及的討論內容寫下來。

接著，在會議當天，參考預先準備的會前議事錄備忘錄，對會議全貌有一定的理解之下，去聽取其他人的發言。同時，**按照PREP的格式來整理自己的發言內容，可以有效減少偏離主題的情況。**

尤其是當你想表達的內容很多時，更應該**先明確優先順序，並將內容落實到PREP結構中，確保對方能順利理解。**

沒有整理好發言內容，可能導致「這也想說」「那也得提」的情況，讓話題不斷擴散，最終讓聽者感到困惑，無法理解發言人想表達的內容、掌握要點。

可以參考前面「使用PREP格式撰寫郵件」的方式（參照120頁），建立自己的發言模板，例如：「我認為〇〇〇方案是比較好的選擇，理由是〇〇〇。具體來說，包括〇〇〇。」

此外，像木村小姐這樣因為想傳達的內容太多，而無法集中意見時，可以採用在理由（R）或具體例子（E）部分，先表明**「理由（或具體例子）有三個」**的方式。這是一種在簡報中經常使用的「項目式列舉」技巧。

多數人對於不知道何時結束的冗長發言會感到煩躁，但若事先說明「理由有三個」，可以減輕聽眾的壓力。

用PREP提升提問能力

在會議中聆聽他人發言時，提出精準的問題也是很重要的行動。以PREP

的框架為基礎聆聽，可以幫助你察覺「這位發言者的根據（R）缺失了，可以問一下」或「是否還有其他具體例子（E）」，從而提出補充性的問題。

參加會議時，隨時確認發言是否**具備理由、根據和具體例子，是與會者應有的技能。**

若能提出適切的問題，不僅能獲得其他參與者的共鳴和信任，還能幫助會議更高效地進行。

此外，明確記錄發言的根據和理由，也有助於日後整理資訊，這是一項撰寫清晰議事錄所不可或缺的能力。

特別是在與外部人士的會議中，參與者之間能交換資訊的機會有限，不要在每次交流中遺漏任何資訊是至關重要的。因此，**PREP的框架同樣適用於傾聽他人發言。**

在提問時，記得保持對對方的尊重。

例如，避免以高姿態說：「你的意見根據是什麼？」這樣可能引發不必要的反感。可以採取更友善的語氣，像是：**「這一點相信您已經考慮過，但因尚未在討論中提及，想請您分享一下。」**之類的婉轉語氣，來問出對方的情報。

Case 15

小結

先掌握會議全貌，
並用PREP整理發言內容

★

無論是發言者還是聆聽者，只要運用PREP，
都能促進精準的交流，讓會議更具意義

16

時間點出錯

請你做的事
完成了嗎？
欸？不是說
不急嗎!?
那不是換成B
在負責了嗎？
為什麼A公司的案子
沒有進展呢？
抱歉！
我上司反對簽約…
欸？？不是幾乎
百分百確定了嗎？
明明你說只要
大致的資料就好!?
這份資料的
內容太過籠統
沒辦法判斷。

Case 16 episode

最近，林先生在工作上的溝通頻頻出現問題。總是心裡嘀咕著：「咦，這個我沒聽說過」「好像和最初說的不一樣吧？」

儘管心裡感到疑惑，但類似的溝通錯誤反覆發生，讓他也開始覺得可能是自己的問題。不僅造成重複勞動，也給周圍的人帶來麻煩，甚至影響了工作進度，林先生希望能有所改善，但不知道該怎麼做……

放下主觀臆測
與期待，
以客觀角度為
前提做確認！
前提

A 用SCQ框架整理事情的前提

為什麼會覺得「跟一開始說的不一樣」呢？

在溝通中，出現誤解在某種程度上是無可避免的，因為每個人對事情的認知前提條件各不相同。**在工作場合，多數人往往更會以對自己有利的前提條件來看待事情。**

以林先生的案例來說，他以為幾乎百分百能簽下合約，但最終卻因客戶的上司否決而失敗。

假設此時，客戶負責人提到「如果價格再壓低一點，上司應該會同意簽約」，林先生便基於此資訊，推導出「只要再降價就能成交」的前提，並考慮接受要求繼續推進工作。然而，客戶負責人可能實際上是基於其他考量，例如：「以價格為理由婉拒合作」或「如果能拿到比競爭對手低很多的報價，自己能因此受益」等不同的前提假設。

這種雙方對前提條件的認知不一致，往往會導致「和最初說的不一樣」的情

對前提和假設的正確性抱持懷疑態度

S 情境

A 公司的負責人正積極地向公司上層詢問我們的銷售提案。

C 複雜化

與競爭對手相比，價格過高成為一個關鍵問題。
然而，似乎只要降低價格，對方就有可能採用。
考量 A 公司的規模，即使稍微給予折扣，
仍能維持一定的利潤。

Q 問題

該如何降低價格呢？

當 S（情境）和 C（複雜化）設定出現錯誤時，
可能會導致錯誤的 Q（問題）產生。

況發生。

用SCQ整理前提條件

在業務溝通中，使用SCQ框架能有效減少溝通誤差。這個框架雖然主要用於演講和簡報，但在**想要客觀整理現狀時也非常實用。**

雖然無法百分之百掌握對方的前提條件，但只要**將自己認知的現狀以SCQ架構整理，並重新檢視其中的「複雜化（C）」部分，就能減少誤解發生的機會。**

例如，在上圖的例子中，可以得知推進工作之前，需要檢討「只要降價就能簽約」這一假設是否真實。

關鍵在於，**即便前提條件對自己有利，也要抱持適當的懷疑態度。**當仔細分析時會發現，客戶負責人僅表示「上司應該會同意」，而非確定「降價就能成交」。這樣的前提只是希望或推測，並非事實。

透過書面溝通進一步確認，可能有助於了解對方的真實想法。

例如，試著發送一封電子郵件做確認：「根據剛才的會議內容，您表示若能再降價就可以簽約，因此我們將進行內部調整後再提供報價。」此時，可能會收到對方態度有所保留的回覆，如：「收到報價後，我們會與上司再進一步討論。」

有些人**在口頭表達時可能比較模糊不清，但在書面溝通這種會留下紀錄的場合，通常會顯得更加謹慎。**

利用ＳＣＱ框架整理現狀後，就能判斷對方提供的信息是否為確定事實，還是僅為樂觀推測。

同時，**這種框架也適用於公司內部的隨意對話。**

例如，「這件事不急，有空再處理吧」的請求，不能單純理解為「真的完全不急」，而應進一步確認：「真的什麼時候完成都沒關係嗎？」來確保雙方認知的一致。

這時有可能會發現對方實際的需求是「不急，但希望下週內能完成」。

Case 16

小結

人們常以對自己有利的前提看待事情，卻未意識到與對方的認知差異

★

若能用 SCQ 客觀整理現狀，認知不一致的情況將大幅減少

17 指導新人好難…

Case 17 episode

山口小姐開始負責指導與支援後輩。她認為細心的指導有助於後輩成長，因此特別注重講解工作的背景資訊與規則。然而，後輩卻經常無法按照教導的方式完成工作，甚至多次犯下相同的錯誤，導致雙方關係逐漸變得僵硬。山口小姐開始懷疑，是不是乾脆不教比較好？

當後輩得不到所需的資訊時，往往更容易產生不滿。
這部分該怎麼進行呢…
到底為什麼要做這項工作啊？
希望了解作業的步驟
希望了解工作的背景資訊

A 「工作」與「作業」其實是截然不同的兩回事

為什麼後輩不聽話？

當後輩或新人出現「應該教過的事情卻沒做到」或「不斷犯相同錯誤」的情況時，可能的原因主要有兩種：技術層面——他們不知道該怎麼做；情感層面——他們不明白為什麼要做這件事。

根據事情未做好或未依指示執行的原因，應判斷是需要教導「作業」還是「工作」。

若是因為技術層面不了解，透過講解步驟和技巧即可解決。但如果是情感層面不理解為何需要做這項工作，光教步驟是無法達到預期效果的。

當他們無法理解工作的背景和理由時，不僅會累積不滿，也無法真正掌握工作的核心，最終容易陷入不照指示行動或重複犯錯的情況。

以山口小姐的案例為例，透過ＳＣＱ框架檢視後輩的現狀，我們可以發現如上圖的問題。

S 情況	後輩因為工作無法順利進展，正感到困擾。	
C 複雜化	可能是因為不清楚步驟與方法，而感到困擾。	也可能是因為在情感上無法接受，不明白為什麼要做這項工作。
Q 問題	是不是該教他作業步驟呢？	還是該解釋工作的背景與理由呢？

困擾的原因不同，答案也會隨之改變。

和其他案例相同，若在C的複雜化階段設定錯誤，就會出現溝通上的摩擦。

在指導中，前輩往往將自己「認為應該教的事情」單方面傳達，而忽略了後輩真正需要的幫助。當這種情況發生，後輩得不到想要的指導，感到挫折和不滿，進而導致關係緊張。

一個常見的例子是：後輩只想了解如何執行具體的步驟，卻被迫聽一大段工作目的與背景的說明。**像山口小姐這樣熱心又注重細節的前輩，反而更容易掉進這種迷思之中。**

後輩可能會心想：「這些我大概

都知道，講重點就好了。」而前輩則不解：「我都花心思教了，為什麼他們不聽呢？」最終雙方的不滿逐漸累積。

用PREP提升說明工作時的說服力

SCQ框架能幫助我們檢視指導是否過於主觀，進而改善溝通方式。而**在說明工作的背景與目的時，建議各位採用PREP框架來簡潔地傳遞訊息。**

例如：「這份工作應該這樣進行，因為○○的原因。具體來說，請按照○○步驟執行。」這種邏輯清晰的表述，更能讓後輩理解並接受。

需要注意的是，避免使用「因為客戶要求的」或「因為一直以來都是這樣做」這類非理性的理由，這種說法不僅無法說服對方，還可能引起對自己專業性的質疑。

因此，**說明工作的時候，應先確認內容是否能說服自己**，便能避免陷入如此境地。

除此之外，當解釋工作的背景或目的時，不妨多從後輩的角度出發，例如：「這項作業有助於你的能力提升」、「學會這項技能後，可以運用到其他領域，對你的未來有長期的幫助。」這樣的說法能讓後輩更有動力，也感受到被重視。

Case 17 小結

不要一廂情願地教授自己想教的事情，先用 SCQ 框架客觀分析後輩的需求

★

在說明工作時，運用 PREP 框架確認內容具說服力，並讓對方感到這項工作對自身的價值

18

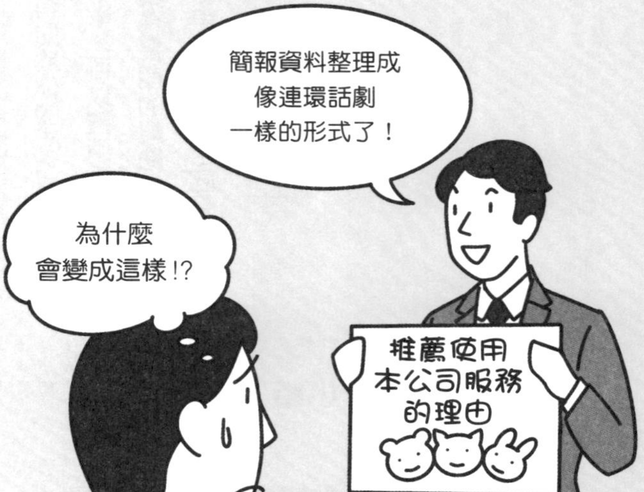
簡報資料整理成
像連環話劇
一樣的形式了！
為什麼
會變成這樣!?
推薦使用
本公司服務
的理由

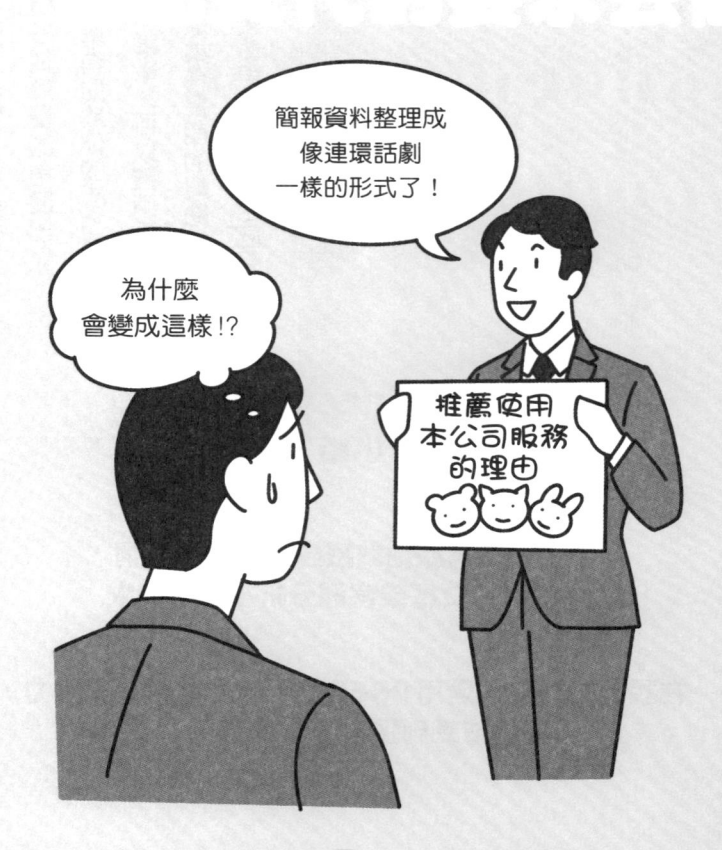

Case 18 episode

隨著年資增加，松本先生負責的工作也越來越多。由於一個人已無法完成所有工作，他開始請同事和後輩幫忙。然而大多數時候，交上來的成果與他的預期不符，最後幾乎都得自己重做。難道想要達到理想成果，非得親自動手不可嗎？

Situation
先對彼此目前的情況進行共識確認
Complication
提出並共享可能遇到的問題或方向
Question
詢問對方對作業方式的看法與想法
用SCQ清楚表達你的需求吧！

A 委託他人處理的事情，也能運用SCQ梳理！

在委託他人協助前預先做好準備

當自己委託的工作成果未達預期時，多是因為**委託事項的傳達方式出了問題。**僅靠一次說明，通常無法讓對方交出符合期待的成果物。

正如第二章的案例11（參照88頁）中提到的，當你將工作委託給他人時，進行多次的確認是基本原則。

例如，**在委託他人製作資料時，可分為三個階段進行審核：骨架（大綱）、草稿（結構案）、以及定稿（完成版）。若是委託進行調查工作，則應在開始作業前檢討並確認相關計畫，包括步驟、時程及執行方式。**如此一來，更有可能取得接近期望的成果。

然而，若委託者自己無法事先清楚地描繪成果物的具體樣貌，即使多次確認，成果仍難以符合預期。

因此，那些習慣於一邊做事的同時逐步深化思考的人，或是依靠直覺及感覺

S 情境
必須製作能夠促成簽約的業務提案書。

C 複雜化
客戶過去從未使用過類似產品。
如果只是列出產品規格，可能無法讓對方具體想像導入的優勢。
由於是首次提案，不需要勉強推進簽約。

Q 問題
那麼，應該製作怎樣的資料呢？

完成工作類型的人，往往不擅長將工作委託他人。

這種情況下，可以**透過ＳＣＱ框架整理委託內容。**例如，在委託製作業務提案資料時，透過ＳＣＱ整理如上圖。

將「需要製作提案資料」這一情境（Ｓ）複雜化（Ｃ）——「為何需要製作這份資料？」「這份資料的目的是什麼？」「這份資料的主要受眾是誰？」「資料中必須包含哪些資訊？」等，根據上述分析，**找到具體需求點和方向。**

同樣地，當委託調查作業時，可藉由整理下列問題來處理Ｃ（複雜化）部分，例如：「哪些作業應優先執行？」「如何收集所需資料？」「從相關部門取得資訊需要多少時間？」等，來用於整理搜集到的情報。

獲得理想成果的關鍵，在於事前進行這些細緻的準備。**請將委託他人視為一種「報告」**，先用ＳＣＱ框架整理好內容。

用ＰＲＥＰ清晰表達委託內容

若在運用ＳＣＱ框架完成了前置作業後，將作業委託給同事或後輩時說明不夠清楚，準備工作將前功盡棄。此時可**運用ＰＲＥＰ框架清楚傳達資訊，確保對方充分理解需求。**

此時，**我們將ＳＣＱ中的Ｓ（情境）與Ｃ（複雜化）兩個部分，以ＰＲＥＰ來進行詳細說明。**

「請你協助完成〇〇的作業（＝Ｐ）。這份資料主要用於〇〇，因此需要以幻燈片形式製作，並著重於〇〇的相關資訊（＝Ｒ）。我已透過郵件附上相似案例的資料，可供參考（＝E）。按照這個流程進行（＝P）！」

此外，在說明過程中，加入「是否曾經執行過類似工作？」「你是否清楚如何取得相關材料？」等提問，有助於確認對方的前提假設，降低收到意料之外成果的風險。

若能拋開「我能做到，對方也應該能做到」的成見，便能有效改善委託工作成果不如預期的情況。

Case 18

小結

將委託視為簡報的一部分
在委託工作時，運用SCQ框架進行前期準備

★

在說明時善用PREP框架明確傳達，
同時確認對方的既有前提條件

19

該怎麼做才能讓提案通過呢？

Case 19 episode

負責跑業務的清水先生，主要負責拜訪老客戶，進行自家產品的售後服務，同時推廣新商品。雖然與客戶的關係良好，但最近卻苦於業務提案總是無法順利推進。雖然並非完全被客戶拒絕，但對方的反應始終不夠積極，最後通常以「現在有點不方便……」的理由被婉拒。

A 用 SCQ 檢查提案內容！

提案無法通過，是因為C的設定錯誤

業務提案之所以無法順利通過，主要原因是**沒有正確掌握客戶需求。**倘若試圖向客戶推銷其並不需要的產品或服務，當然難以提案成功。此外，即便產品本身符合需求，但若訴求點不對，也可能讓客戶誤以為「這不是我們需要的東西」。

在這些情況下，**問題的根本原因就出在SCQ框架中的C（複雜化）設定錯誤了。**

SCQ原本就是一個常用於簡報與業務提案的思考框架。首先，透過S（情境）說明客戶所處的狀況，吸引對方關注；接著，在C（複雜化）部分，點出與S相關的「可能發生的問題」，讓客戶感受到即將面臨的挑戰；最後，透過Q（問題）引導：「因此，我們的方案是不是能幫助解決這個問題呢？」這樣一來，就能在雙方認同前提的基礎上進行業務提案。

如果C的設定恰當，客戶就會認同「確實應該解決這個問題」，進而願意深

S 情境

我們將開始供應能提升
客戶業務品質的全新材料。

C 複雜化

客戶在這幾年來，
一直採購相同的材料 A，
但如果改用新材料 B，
將能有效降低成本。
雖然目前尚不確定供應穩定性，
但成本削減帶來的效益
應該遠大於這個不確定性。

然而，若客戶看重的是材料A的穩定供應與品質，那麼即使強調新材料B的高性價比，提案仍可能無法順利通過。

Q 問題

該如何有效傳達
新材料的高性價比呢？

事前與客戶溝通不足，將難以滿足客戶需求……

入了解提案內容。

然而，若C的設定不夠精準，客戶可能會認為「這對我們來說不是關鍵問題」，導致提案無法引起足夠的興趣，甚至只被當作參考資訊來聽。

要正確設定C，就必須了解客戶正在煩惱什麼，與他們真正想解決的問題。然而，與外部客戶溝通的時候，對方可能會出於禮貌給予場面話，或有所保留。因此，**不能單純接受表面資訊，應該進一步確認細節，確保掌握真正的需求。**

以清水的案例為例，如上圖所示，

他可能因未能充分引導客戶提供資訊，導致所提出的方案與客戶需求不符。

無論產品或服務再具吸引力，若不符合客戶需求，提案仍然難以成功。

將自己的業務提案以ＳＣＱ框架整理後，務必再次確認其內容是否真正回應了客戶需求。

不妨反覆自問：「這個問題設定（Ｃ）對客戶來說真的重要嗎？」透過這樣的檢視方式，便能找出改善方向。

值得掌握的業務提案技巧

除了ＳＣＱ框架，以下幾種業務提案技巧，也能有效提升成功率：

第一個技巧：提供多個方案，並推薦最佳選擇。若提供多個選擇，並從中推薦最適合的方案，客戶會覺得是自己做出的決定，而非被他人強迫，進而提升客戶的滿意度。

第二個技巧：用數據強調重點。例如，不只是說「這項產品能大幅提升業績」，而是改為「導入後，平均業績提升150％」，具體數字能讓客戶更有說服力。

第三個技巧：對應客戶的事業目標向其提案。例如，近年來企業對SDGs（永續發展目標）的重視程度各有不同。當你的提案內容包含：「這項產品能降低20%碳排放」可能會讓重視ESG（環境、社會、公司治理）的企業感到興趣，但對不關注此議題的企業來說，則可能毫無吸引力。

此外，決策者與現場負責人的需求也可能不同，因此應**事先確認所有利害關係人的關注點**，避免只滿足一方需求，卻因此遭到另一方反對。

Case 19
小結

共享彼此的前提，提出正確的問題，對方便會對提案產生興趣

★

要適切設定情境（C），就必須真正理解客戶的煩惱

Question

在會議中經常被否定意見，因此不敢發言

Answer

如果在會議上經常被否定，首先需要確認自己是否誤解了「會議的目的」。

例如，如果會議是為了達成共識而召開的，那麼提出反對意見被否決是理所當然的。有時候，回顧「為什麼自己的意見被否定？」或「對方是怎麼回應的？」也是很重要的。

即使是在允許自由發言的會議場合，表達自己的意見時，也可以採取先順應主流觀點後再發表看法的技巧。

如果直接全盤否定已經獲得多數支持的意見，可能會讓會議場面變得混亂，甚至導致會議拖延、失去效率。

當自己與大多數人持有不同的意見，因此難以在會議上發言時，若仍有無法忽視的疑慮，可以考慮私下向會議的企劃者或召集人反映。

不過，會後提出意見時需特別注意：如果在會議上未曾表達異議，就應避免做出會推翻結論的發言，而是聚焦於「可能的風險」或「應注意的事項」，讓討論更具建設性。

CHAPTER4

讓工作「順利進行」的問題解決方法

能夠順利處理有前例可循或標準流程的工作，
但在面對問題時缺乏解決的自信，
其實是很常見的情況。
以下將介紹一套實用的思考公式，
幫助你理清思路並提升問題解決能力。

擅長解決問題的人的思維向來條理清晰！

讓「不懂」
變「懂」！

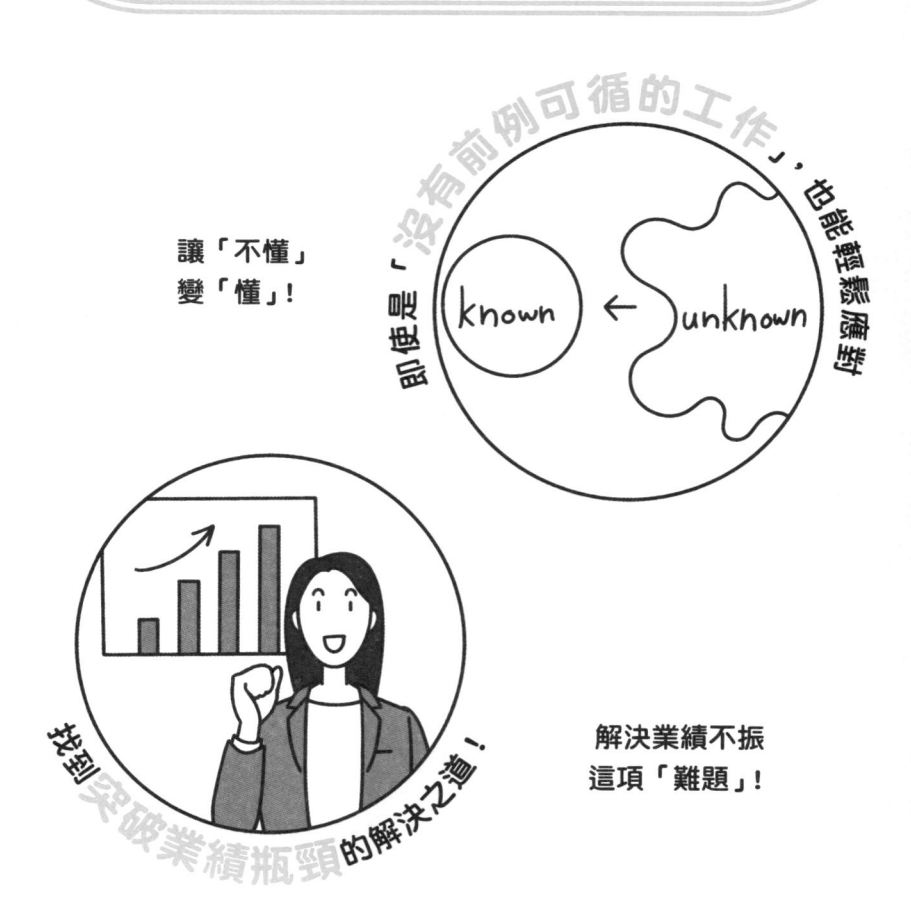

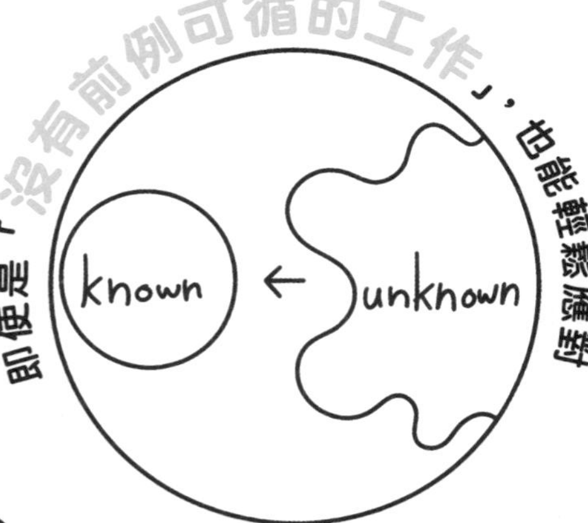
即使是「沒有前例可循的工作」，也能輕鬆應對
known
unknown

找到突破業績瓶頸的解決之道！

解決業績不振
這項「難題」！

對商務人士而言，問題解決能力至關重要。而要能夠獨立思考並找到解決方案，前提是思路必須清晰有條理。若總是「怎麼想都想不出解決辦法」，那很可能是因為沒有做好思維整理。

換句話說，只要掌握整理技巧，任何人都能具備解決問題的能力。接下來，讓我們看看如何運用框架思維梳理思路，找到有效的解決之道。

與客戶的談判更順利！

清楚掌握
「最佳解決方案」！

解決目標設定的煩惱！
GOAL!

明確掌握
該努力的方向。

思維整理方程式 4

透過金字塔結構深入挖掘並解決問題①

STEP 1

設定意見與課題，建立金字塔頂端

框架內應包含哪些內容呢？

❶ 想傳達的意見

以自己的意見為起點，構建金字塔結構，能夠形成具說服力的論述邏輯。這種方式適用於「意見不被採納」時所引發的問題解決。

❷ 需要深入探討的問題

若想進一步剖析某個問題，可從「已發生的結果」或「自己所設立的假設」出發，逐步挖掘問題本質。此方法主要適用於解決各類突發狀況與危機處理。

❸ 需實現的目標

將目標作為起點，能夠幫助規劃實現路徑，並建立有助於達標的金字塔結構。此外，這也能幫助檢視既定目標是否合理，確保方向正確。

❹ 需比較與驗證的假設或結論

當「有多個假設或結論難以抉擇」時，可分別建立以每個假設或結論為起點的金字塔結構，進行比較與分析，藉此做出更合理的決策。

STEP 2
用「Why」深掘STEP 1的金字塔頂端內容，提出具體理由

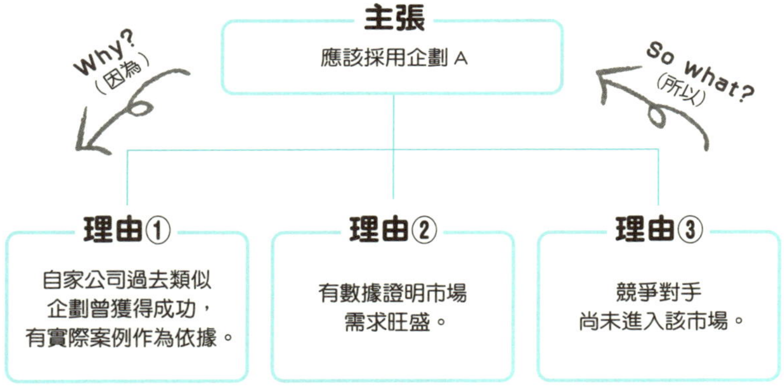
主張
應該採用企劃 A
Why?
（因為）
So what?
（所以）
理由①
自家公司過去類似企劃曾獲得成功，有實際案例作為依據。
理由②
有數據證明市場需求旺盛。
理由③
競爭對手尚未進入該市場。

應注意避免將主觀感受或個人情緒當作「理由」提出

金字塔結構是一種將意見及其理由、論據視覺化的框架，能幫助有條理地整理資訊並提升論理性。這套方法由美國管理顧問芭芭拉 明特（Barbara Minto）所建立，被視為邏輯思考（Logical Thinking）的基礎。

根據金字塔頂端所設定的主題，例如想傳達的意見或待解決的課題，此框架可應用於各類問題分析與解決。即使不擅長深入思考某個議題，只要依序填入金字塔結構的各個框格，也能逐步養成邏輯思考的能力。

思維整理方程式 4

透過金字塔結構深入挖掘並解決問題②

STEP 3
為每個理由提供具體佐證

理由①
自家公司類似企劃曾獲得成功，有實際案例作為依據。

Why?　　Why?

根據①
企劃 A 的目標族群與企劃 C 相近，而企劃 C 已成功達成預期的來客數。

根據②
企劃 A 的目標族群與企劃 B 相近，而企劃 B 也成功實現預期的動員與收益。

「某人說過」或「好像很受歡迎」這類缺乏具體證據的傳聞或推測，無法作為有力佐證。真正具說服力的理由，應該建立在明確的數據或過去成功案例上。如果某個理由缺乏適當的依據，就需要重新檢視其合理性。

最後，透過反問「So what ?」（所以呢？）來檢驗論點，確保論點在邏輯上自洽，從而構築出嚴謹且具說服力的金字塔架構。

STEP 4

確認建立好的金字塔結構是否邏輯清晰、前後一致

在完成從上往下以「Why？(為什麼？)」進行推導的金字塔結構之後，應再從下往上以「So what？(所以呢？)」反向檢視，確認整體邏輯是否一致，是否存在矛盾。

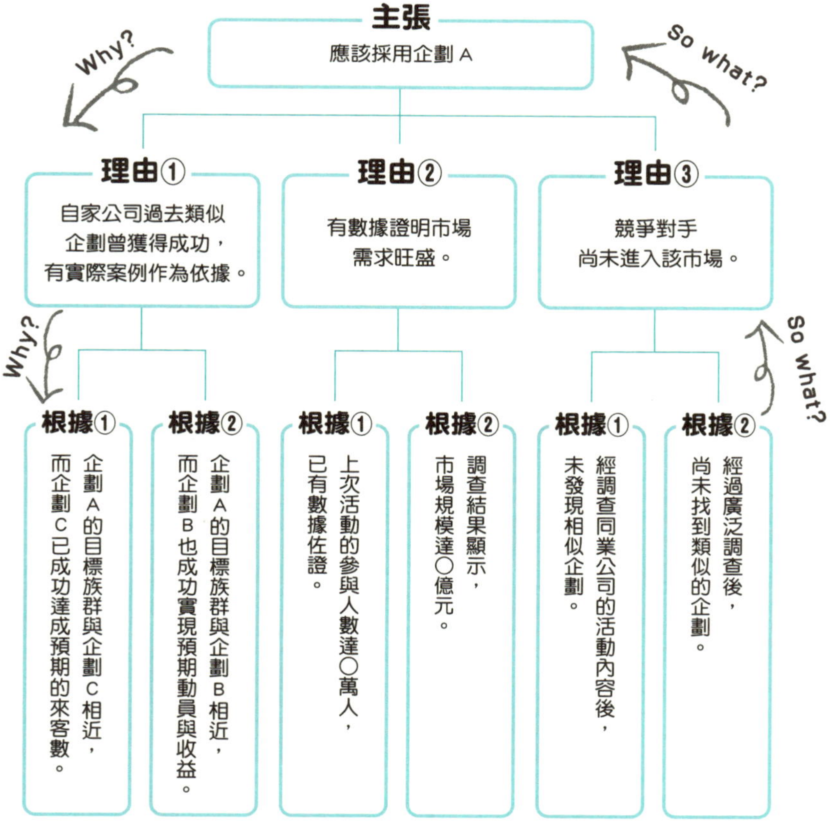
主張
應該採用企劃 A
Why?
So what?
理由①
自家公司過去類似企劃曾獲得成功，有實際案例作為依據。
理由②
有數據證明市場需求旺盛。
理由③
競爭對手尚未進入該市場。
Why?
So what?
根據①
企劃A的目標族群與企劃C相近，而企劃C已成功達成預期的來客數。
根據②
企劃A的目標族群與企劃B相近，而企劃B也成功實現預期動員與收益。
根據①
上次活動的參與人數達〇萬人，已有數據佐證。
根據②
調查結果顯示，市場規模達〇億元。
根據①
經調查同業公司的活動內容後，未發現相似企劃。
根據②
經過廣泛調查後，尚未找到類似的企劃。

20

到底是哪裡出了錯

收件人：鈴木小姐
cc：〇〇項目小組郵件群組
主旨：【重要】修正後的報價單
田所先生 cc：各位小組成員
各位小組成員辛苦了，我是田村。
如主旨所述，因為客戶投訴，小組成員需
重新進行修正。
欸？
這郵件
不會是…？
公司內部成員…
寄出！
客戶方・鈴木小姐
A公司・田村先生

Case 20 episode

身為專案團隊的一員，田村先生負責與客戶的溝通窗口，以及團隊內部的協調工作。他與客戶窗口鈴木小姐一直保持良好的關係，但某天卻突然收到對方的請求，希望更換聯絡窗口。由於不清楚原因，田村先生一時之間不知道該如何應對……

A 首先應深入探討關係惡化的原因

如何找出「問題出在哪裡」？

當與客戶的關係出現問題時，經常會有人籠統地歸因於「好像被討厭了」、「對方的負責人似乎很難應付……」，卻沒有深入探究真正的原因。

確實，有時候人際關係的不順利可能只是因為「個性不合」或「第一印象不佳」等情緒性因素，但大多數情況下，還是有某個關鍵原因導致了關係惡化。

在這種情況下，可以運用金字塔結構來深入分析問題的根源。**雖然這個框架通常用於邏輯推理與論證，但同樣適用於釐清某個問題的脈絡與本質。**

以田村先生的案例來看，他可以以「被解除窗口負責人職務」這個結果作為分析起點，列出可能的原因，並進一步補充具體的佐證案例。透過這樣的方式，真正的問題點就會逐漸浮現。

我們試著把這個案例整理成左頁的金字塔結構。

結論
被解除窗口負責人職務

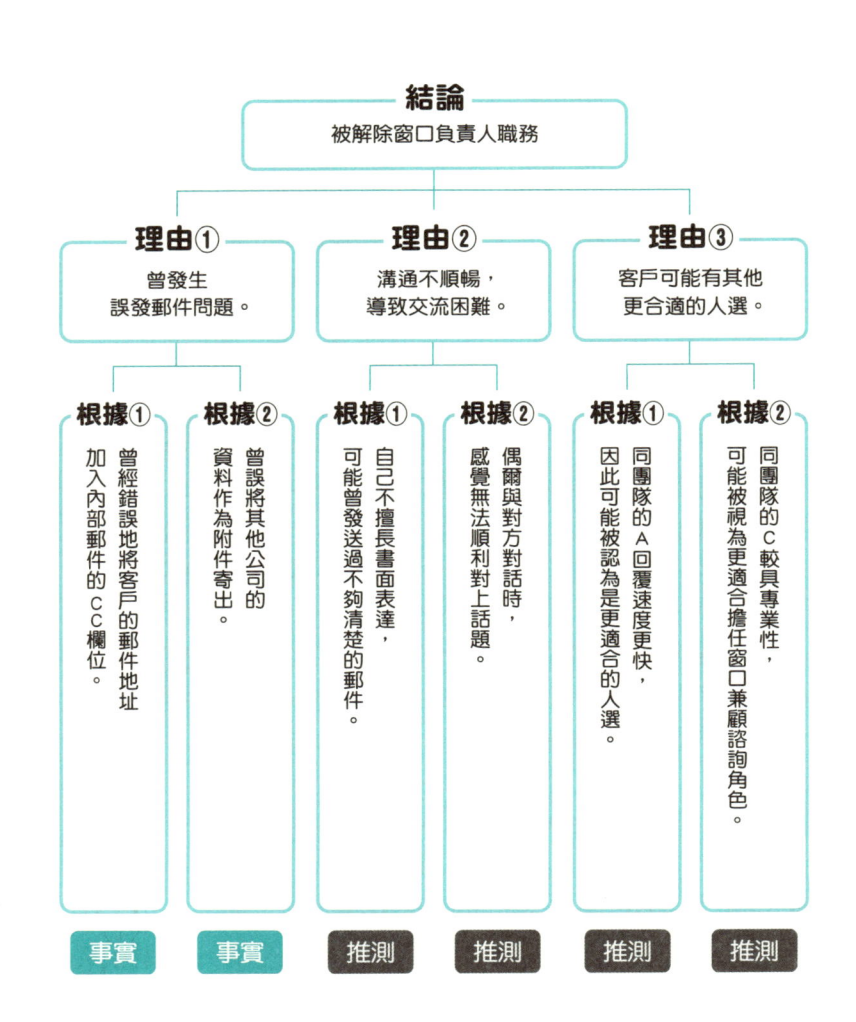

- **理由①** 曾發生誤發郵件問題。
  - **根據①** 曾經錯誤地將客戶的郵件地址加入內部郵件的CC欄位。 —— 事實
  - **根據②** 曾誤將其他公司的資料作為附件寄出。 —— 事實
- **理由②** 溝通不順暢，導致交流困難。
  - **根據①** 自己不擅長書面表達，可能曾發送過不夠清楚的郵件。 —— 推測
  - **根據②** 偶爾與對方對話時，感覺無法順利對上話題。 —— 推測
- **理由③** 客戶可能有其他更合適的人選。
  - **根據①** 同團隊的A回覆速度更快，因此可能被認為是更適合的人選。 —— 推測
  - **根據②** 同團隊的C較具專業性，可能被視為更適合擔任窗口兼顧諮詢角色。 —— 推測

檢視這個金字塔結構，將會發現，**理由①具備具體的佐證資料，而理由②、理由③仍屬於推測階段，缺乏明確證據。**如果將這些未經驗證的假設當作主要原因，可能會導致錯誤的改善方向，無法真正解決問題。

換句話說，在這個案例中，最可能的關鍵因素是「郵件誤發」，這可能導致了客戶要求更換窗口負責人。

雖然田村先生可能認為這只是個小失誤，但對客戶而言，寄錯收件人或附上錯誤的文件，很可能涉及機密資訊外洩的風險，這讓客戶對田村先生的信任大打折扣。

實際上，像是錯誤填寫CC地址、選錯郵件群組等問題，都是常見的誤發原因。而若是不小心寄出帶有內部玩笑的郵件，例如：「客戶就是愛挑小毛病，哈哈！」這類內容，那麼可能將造成信任關係的崩壞至無法挽回。此外，若報價單、內部討論內容外流，對公司更可能帶來嚴重的影響。

在田村先生的案例中，最終只是更換了窗口負責人，但如果是更嚴重的狀況，甚至可能導致合約終止。

運用金字塔結構，找出對策

透過金字塔結構分析「出現錯誤的狀況」，已成功找出關係惡化的原因。接下來需要思考如何防止類似問題再次發生。

利用金字塔結構，從「為何會發生這種錯誤？」的角度深入探討，就能進一步思考預防與改善措施。

以「因郵件誤發導致與客戶關係惡化」為結果進行分析，接著列出誤發郵件影響關係的原因，再往下階層填入發生錯誤的背景與根據。

透過針對金字塔最底層的項目擬定具體對策，即可有效防範類似問題再次發生。具體的金字塔結構範例將在下一頁介紹。

例如，「導入郵件檢查系統」這類大規模的對策可能不易執行，但也能從個人層面找到可行的業務改善方案。

若問題是「誤認檔名」，那麼可在檔名開頭加上【內部使用】標註，使其一目了然，這類對策僅需自身多加留意即可執行。

結論

因郵件誤發導致
與客戶關係惡化

理由①

誤將內部郵件
發送至外部郵件群組，
導致不適當的
內容外流。

- **根據①** 內部與外部郵件群組的地址相似，容易造成誤發。
- **根據②** 專案團隊主要以郵件聯絡，導致誤發風險較高。

理由②

未確認收件人
與郵件內容，
直接發送導致誤寄。

- **根據①** 缺乏郵件發送前的檢查機制，無法有效防範誤發。
- **根據②** 撰寫完郵件後，未進行再次確認便直接發送。

理由③

錯誤發送了
不應提供給
客戶的檔案。

- **根據①** 檔案名稱過於相似，容易產生誤認。
- **根據②** 桌面上檔案雜亂，導致容易選錯附件發送。

透過金字塔結構整理問題，即使面對「不知如何解決」的難題，也能找到具體的解決方案。

Case 20 小結

將已發生的問題放在金字塔頂端，深入分析原因並制定預防對策

★

若問題無法具體拆解，只停留在推測層面，那就不能視為真正的根本原因

21

被指派了 [illegible]例可循的新工作

大家對數媒都不太熟，就交給妳啦！
到底該怎麼做才好呢⋯
滑溜⋯
建立自家網路媒體
?

Case 21 episode

橋本小姐在一家製造業相關的中小企業工作，負責公關與行銷業務。某天，上司對他說：「我們公司打算建立一個自家的網路媒體，其他同事對數位領域不太熟，就交給你全權負責吧！」然而，橋本小姐毫無建立網路媒體的相關經驗，不知道該從何著手，感到十分迷惘……

GOAL
「提升自家品牌的知名度」
建立自家
網路媒體
確立
合適的目標
是第一步！

A 設定專案團隊的目標！

「建立網路媒體」並非最終目標

在處理沒有前例可循的工作時，金字塔結構是一個有效的思考工具。然而，與案例20不同，這次沒有「已經發生的結果」可作為起點，因此設定結論（目標）變得更具挑戰性。

直覺上，我們可能會將「建立網路媒體」放在最上層的框架中，但這樣的結構只是在論證「應該建立網路媒體」，而無法清楚導出橋本小姐應該採取的行動（參見左頁圖①）。

如果直接將「建立網路媒體所需的要素」放在最上層，則會變成羅列「需要內容」、「需要網站建置工具」、「需要伺服器」等條目，這樣的架構更接近於分解各個要素的邏輯樹，而非金字塔結構（參見左頁圖②）。

要想讓金字塔結構發揮作用，就**應該構築一個層層推導、最終導向合理主張的結構。**

圖①

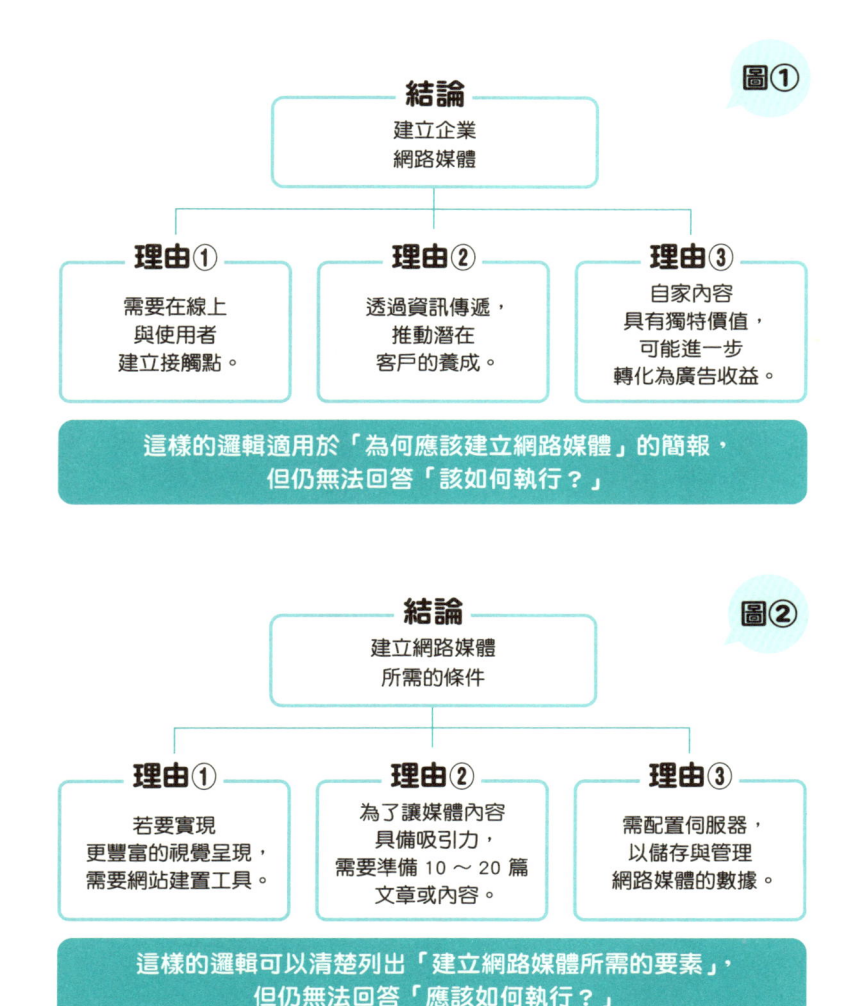

結論
建立企業
網路媒體

理由①
需要在線上
與使用者
建立接觸點。

理由②
透過資訊傳遞，
推動潛在
客戶的養成。

理由③
自家內容
具有獨特價值，
可能進一步
轉化為廣告收益。

**這樣的邏輯適用於「為何應該建立網路媒體」的簡報，
但仍無法回答「該如何執行？」**

圖②

結論
建立網路媒體
所需的條件

理由①
若要實現
更豐富的視覺呈現，
需要網站建置工具。

理由②
為了讓媒體內容
具備吸引力，
需要準備 10 ～ 20 篇
文章或內容。

理由③
需配置伺服器，
以儲存與管理
網路媒體的數據。

**這樣的邏輯可以清楚列出「建立網路媒體所需的要素」，
但仍無法回答「應該如何執行？」**

如此結論設定錯誤，那麼無論如何深挖，都將無法展開正確的邏輯。

首先，應思考「真正的目標」是什麼。

雖然橋本小姐只是被指派「建立自家網路媒體」，但要思考的是**公司為何想要建立網路媒體？**

建立網路媒體的目的，可能是傳遞獨家資訊、提升品牌認知度。總而言之，最終這些目標都應該與業績或獲利成長產生關聯。

深入思考後可以發現，「透過網路媒體帶動業務成長」才是更合適的結論。換句話說，**應該定義「網路媒體的商業目標與成功標準」作為頂層結論，如此一來，所需的行動計畫將變得更加清晰。**

例如，如果橋本小姐的公司面臨的核心問題是「產品品質優良，但因品牌知名度不足，導致銷量成長受限」，那麼適當的結論應該是：「透過建立網路媒體，擴大品牌影響力，提升市場認知度」。

結論
透過建立網路媒體，
實現自家品牌的知名度提升

理由①
能夠與過去無法觸及的顧客族群建立接觸點。

- **根據①** 已有地方品牌透過社群媒體與電商平台，成功提升全國知名度的案例。
- **根據②** 實體店鋪的客群主要來自周邊區域，但透過網路，品牌資訊能觸及更多意想不到的族群。

理由②
透過內容製作與資訊發佈，有助於培養潛在顧客。

- **根據①** 透過網路媒體的內容，能夠傳達「品牌商品融入日常生活」的情境與使用想像。
- **根據②** 持續提供與產品相關的資訊，能讓顧客更深入了解品牌，進而促進加購與交叉銷售。

理由③
透過雙向互動與溝通，提升顧客對品牌的忠誠度。

- **根據①** 透過企業主動分享顧客的使用體驗，能讓品牌變得更加貼近消費者。
- **根據②** 與顧客的互動能幫助品牌更清楚了解用戶需求，進而打造更具吸引力的產品與服務。

**從這些分析可以看出，
提升品牌知名度的方式不只限於建立網路媒體……**

前頁的金字塔結構中，第二層框格填入的是「透過建立網路媒體提升企業知名度的原因」。接著，第三層框格則應填入對應於①～③的具體證據或成功案例。然而，當我們深入分析這些理由時，會發現理由②與③並非只能透過網路媒體來達成。舉例來說，在發佈產品資訊或與顧客互動方面，社群媒體或許是更合適的選擇。

如果出現這類邏輯上的不一致，可能代表這個結論不適合作為金字塔結構的頂點。在這種情況下，就應該停下來重新檢視結論是否合理。

舉例來說，從理由②與③的證據來看，橋本小姐公司的真正需求或許不是「建立網路媒體」本身，而是「增加數位接觸點，以提升品牌影響力並吸引更多顧客」。

當然，建立網路媒體仍然是一種可行的手段，但我們也應考慮其他選擇，例如透過社群媒體廣告或影片內容來經營數位曝光，這些方式可能更具成本效益，且風險較低。

在處理沒有標準答案或前例可循的工作時，使用金字塔結構來整理邏輯至關重要。

如果在建立金字塔結構的過程中遇到瓶頸，不妨回頭檢視主張是否合理。

透過如此反覆調整金字塔結構，可以進一步梳理思路，甚至發現更適切的解決方案，而這可能是最初未曾考慮到的選項。

Case 21

小結

若要找出「該做什麼」，必須將真正的目標置於金字塔頂端，並逐步深入探討

★

如果金字塔頂端的內容設定不當，就無法展開正確的邏輯推理

22

努力跑業務
卻得不到好結果

為什麼我都
這麼賣力推銷了，
卻還是沒人跟我買！
本公司的枕頭
超高級
客人
快跟我買♡
大推安眠枕♡
大推安眠枕♡

Case 22 episode

池田先生從事家訪銷售，主打半客製化枕頭。為了推廣產品，他會分享自己使用該產品的親身體驗，並提供詳細說明枕頭用料講究的宣傳冊，積極推廣。然而，他的銷售成果始終不如預期。池田先生自認已充分傳達產品魅力，但仍無法提升業績，因此苦惱該如何改善。

站在消費者立場設身處地思考，進一步挖掘購買動機。
拒絕推銷
拒絕突訪！

A 試著深入探討顧客「購買的理由」

銷售本質上是一種「打擾」

訪問式銷售通常是成功簽約的機率極低的銷售方式，因為業務員往往在客戶未準備好的情況下，主動上門推銷自家產品。

池田先生深信自家產品的品質，並認為「推薦優質商品能幫助到客戶」，因此，他認為只要能成功傳達產品的優勢，就能促成交易。

然而，從消費者的角度來看，當對方並未主動考慮購買某項產品時，被突然推銷，通常只會被視為一種打擾。因此，池田先生需要先意識到這一點，重新調整銷售思維。

從**「大多數人認為訪問式銷售是打擾」**這個前提出發，接著思考**「那麼，該怎麼做才能讓對方願意聆聽？」**並從消費者的視角去構築銷售邏輯。最終的目標則是讓「透過訪問式銷售，消費者也會想購買產品」。

針對池田先生的情境，可以如左頁圖示一般，將「讓顧客願意透過訪問式銷售購買半客製化枕頭」作為金字塔結構的頂點目標。

結論

訪問式銷售
讓顧客更願意購買半客製化枕頭

理由①

客戶剛好
有更換枕頭的
需求。

根據①

市售枕頭一直找不到合適的款式，導致頸肩痠痛嚴重，因此有意購買客製化枕頭。

根據②

市面上品牌眾多，不知道該選哪一款，如果能獲得專業建議並感到滿意，就願意購買。

理由②

不用跑門市，
在家就能
享受售後服務。

根據①

半客製化枕頭需要定期售後調整，但附近沒有專賣店，若能提供到府服務，將成為購買誘因。

根據②

對於遠端工作、鮮少外出的族群來說，能在家完成所有服務相當有吸引力。

理由③

業務員
提供一對一
詳細解說，
讓人更放心購買。

根據①

實體專賣店往往無法獨佔銷售員，訪問式銷售則能確保充分的諮詢時間，完全理解後再決定是否購買。

根據②

業務員提供品牌間的比較資料，提供客觀資訊，使說明內容更具說服力。

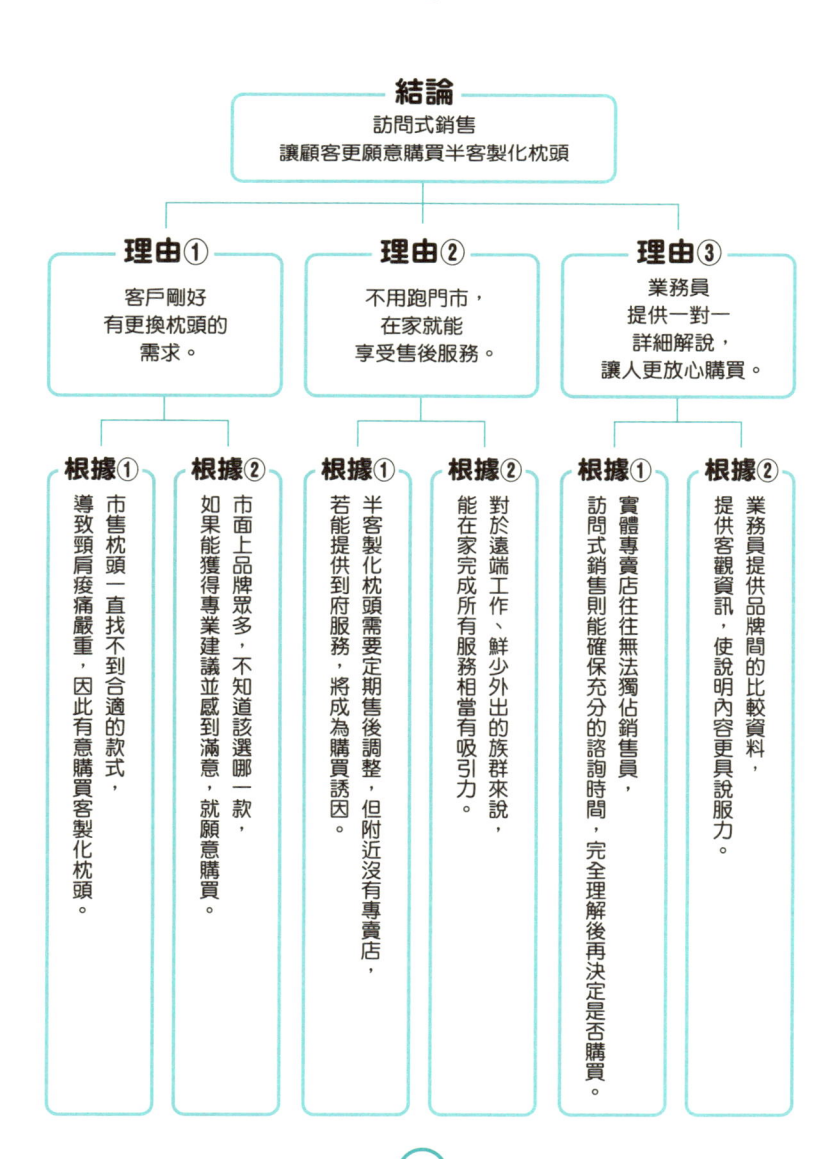

前頁的金字塔結構從消費者的角度列出了「讓人想購買枕頭的理由」。

透過這樣的整理，可以發現「強調材質講究」等業務員認為的賣點，其實並不是對消費者最具吸引力的。換句話說，**賣方想傳達的，不見得是消費者真正感興趣的內容。**

像池田先生這樣銷售表現不理想的人，**應該將重點從自己想強調的賣點，轉為買家實際能獲得的好處**，這樣才能找到突破口。

「傾聽」是銷售的關鍵

當銷售人員能夠從「業務視角」轉向「顧客視角」，推銷方式就會自然改變。同樣的，擁有多元的觀點，也能讓銷售話術更加靈活。

例如，左頁圖表中的「事業剛起步、身體狀況良好的20多歲男性」和「長期受到嚴重肩頸痠痛困擾的50多歲女性」，對於「是否需要購買半客製化枕頭」的想法，肯定會有不同的考量點。

透過深入傾聽顧客需求，即使當下沒有直接轉換成銷售成果，仍能擴展自己

健康的20多歲男性購買枕頭的理由

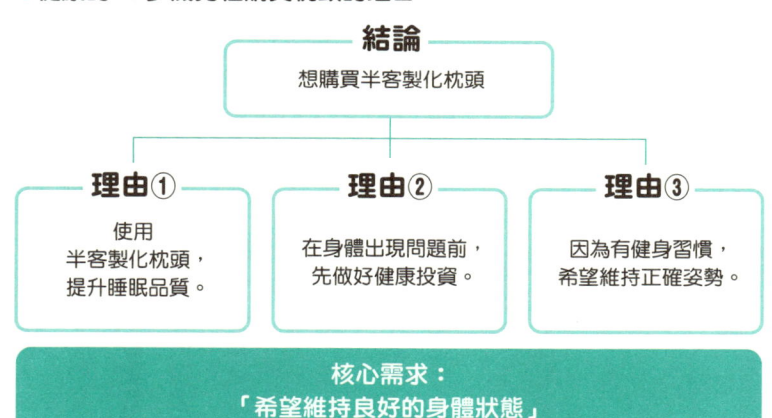

結論
想購買半客製化枕頭

理由①
使用半客製化枕頭，提升睡眠品質。

理由②
在身體出現問題前，先做好健康投資。

理由③
因為有健身習慣，希望維持正確姿勢。

核心需求：
「希望維持良好的身體狀態」

肩頸痠痛的50多歲女性購買枕頭的理由

結論
想購買半客製化枕頭

理由①
肩頸痠痛嚴重，希望找到適合自己的枕頭。

理由②
比起長期就醫，更換枕頭成本更低。

理由③
在身體狀況惡化前，做好日常保養。

核心需求：
「希望改善肩頸問題，避免惡化」

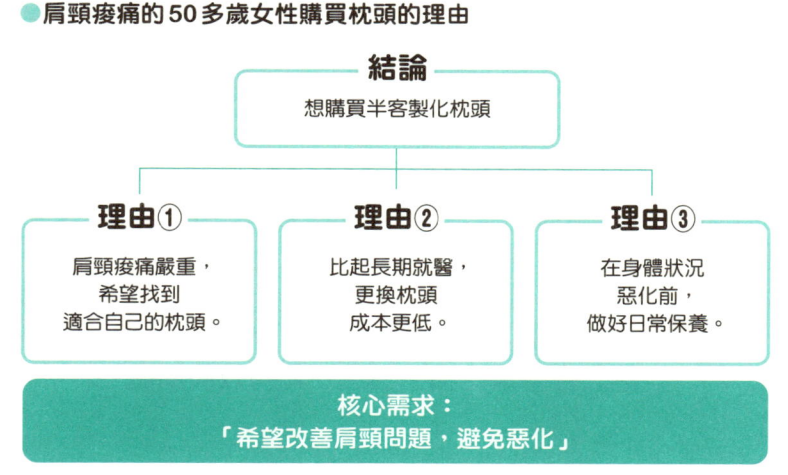

的銷售話術，讓業務能力成長。

如果能根據顧客類型，將聆聽到的需求整理成金字塔結構，未來就能根據不同的客戶需求，提供更加具有吸引力的提案。

此外，傾聽顧客的聲音，也有機會發掘過去未曾考慮的需求，甚至為未來的新商品開發帶來寶貴的靈感。

Case 22

小結

透過金字塔結構深掘顧客「想買的理由」，找出銷售突破口

★

善用與顧客的訪談內容，建立金字塔結構，也是一種有效的策略

讓心情變得輕鬆的思維整理

Question

處理突發問題時，該以什麼樣的心態面對？

Answer

當突發狀況發生時，往往會因為不知該如何應對，而陷入不必要的慌亂。

在這種情況下，最重要的是按照適當的應對步驟，一步步處理。

首先，召集相關人員確認現況，並尋找解決方案。

如果仍感到焦慮，不妨刻意想像更糟的情境，讓自己意識到「目前的狀況其實沒有那麼嚴重」，藉此穩定情緒。

絕對不可做的就是責怪自己或他人。當人們處於被指責的氛圍中，心理安全感會下降，導致無法進行有建設性的討論，影響問題解決。

此外，在沒有責難的壓力下，當事人更容易提供有助於防止類似問題再發生的關鍵資訊，例如事件發生的背景與原因，這對其他相關人員而言也是重要的參考。

事實上，有些企業雖然針對突發狀況，制定了詳細的防範手冊，卻因為過於繁瑣而難以真正落實。因此，針對不同情況，判斷是否真的需要額外的預防措施，也是相當重要的。

23 客戶的要求是否接受呢？

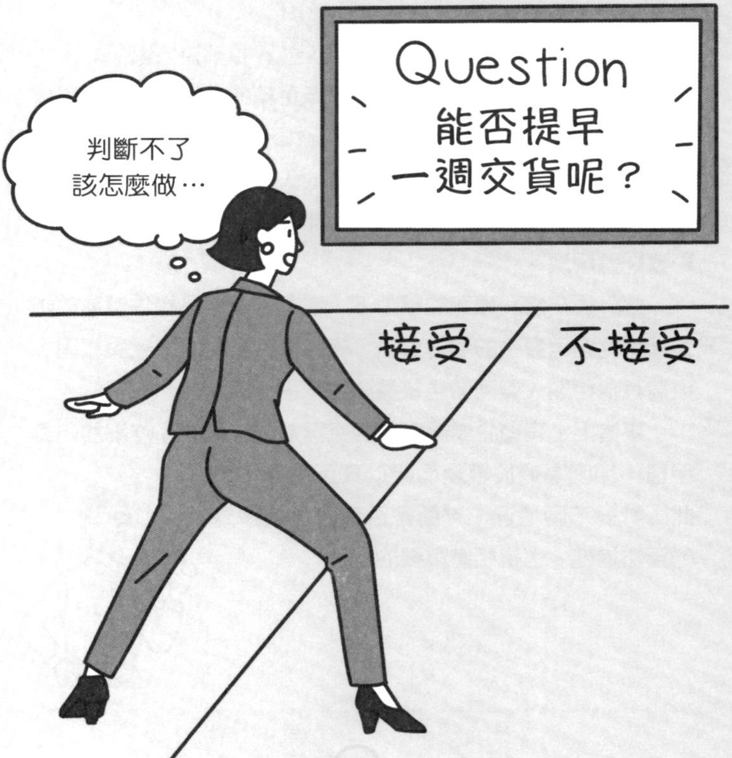
Question
能否提早
一週交貨呢？
判斷不了
該怎麼做…
接受
不接受

Case 23 episode

負責的客戶向近藤小姐詢問：「關於之前委託的案件，交期能提前一週嗎？」由於是關係良好的客戶，她希望能夠滿足對方的需求，但要縮短整整一週的工期並不容易。她陷入了兩難的抉擇，究竟是勉強接下來，還是應該拒絕？

透過對比
兩者的合理性，
選擇
最合適的決策。
合理性
接受的理由
不接受的理由

A 比較「接受的理由」與「不接受的理由」

試著建立兩個金字塔結構來分析

在工作中，經常會遇到需要從多個選項中做出選擇的情況，特別是當每個選項都有其優缺點時，更容易陷入猶豫不決的狀態。

近藤小姐面臨的問題就是如此——這項請求雖然「努力一下也不是完全做不到」，但正因如此，才更難下決定。如果只是選擇午餐菜單，隨意決定也無妨，但在工作上，這樣的態度是行不通的。

當遇到難以抉擇的請求時，**基本原則是不要輕易答應**，也不要在當下急著回覆，而是先將問題暫緩，整理清楚自己的想法後，再與前輩或上司討論。

在這個案例中，**首先可以分別建立兩個金字塔結構，一個以「接受客戶的要求」為結論，另一個則以「不接受客戶的要求」為結論。**

接下來，綜合考量公司內部狀況與未來與客戶的關係，逐步深入分析「應該接受的理由」與「不應該接受的理由」，就能像下一頁所示一樣，形成完整的金字塔結構。

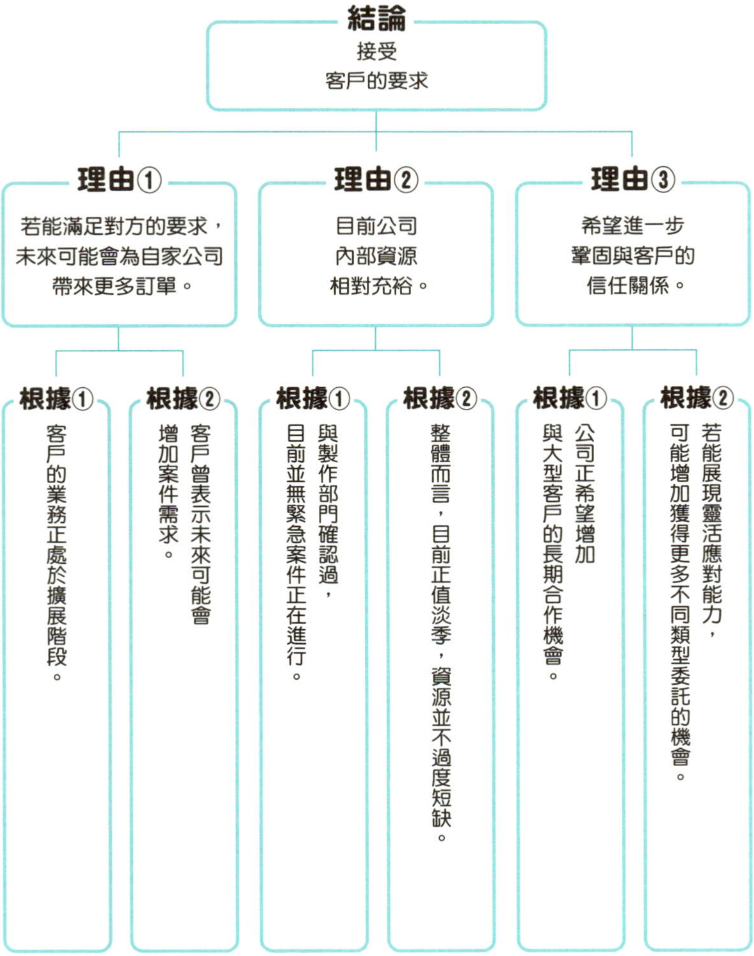
結論
接受
客戶的要求
理由①
若能滿足對方的要求，
未來可能會為自家公司
帶來更多訂單。
理由②
目前公司
內部資源
相對充裕。
理由③
希望進一步
鞏固與客戶的
信任關係。
根據①
客戶的業務正處於擴展階段。
根據②
客戶曾表示未來可能會
增加案件需求。
根據①
與製作部門確認過，
目前並無緊急案件正在進行。
根據②
整體而言，目前正值淡季，資源並不過度短缺。
根據①
公司正希望增加
與大型客戶的長期合作機會。
根據②
若能展現靈活應對能力，
可能增加獲得更多不同類型委託的機會。

結論

不接受
客戶的要求

理由①

若成為常態，
長遠來看
將造成更大負擔。

根據①

曾有過先例顯示，一旦接受縮短交期，
後續客戶會將其視為常態。

根據②

可能導致每當需要應付突發狀況，
唯一的方式就是縮短交期

理由②

製作部門
對業務部的不滿
可能會加劇。

根據①

長期讓製作部門超負荷運作，
將導致員工疲憊與不滿累積。

根據②

即便現場承受壓力，
但除了「案件增加」外，並無其他實質好處。

理由③

過度迎合
客戶要求，
恐導致雙方
權力關係失衡。

根據①

過度滿足客戶需求，
可能讓客戶認為無論提出什麼要求都會被接納。

根據②

過於依賴特定客戶，
可能導致未來難以拒絕其任何要求。

在建立金字塔結構時，需要特別注意避免將「縮短交期的內部協調很麻煩」這類主觀理由納入考量。**如果將只憑感覺做出的理由作為判斷依據，會削弱決策的合理性，最終淪為「只是憑感覺來做事」。**

運用金字塔結構分析，更能提升商討決策的效率

當金字塔結構完成後，可視情況向主管或前輩請教。像近藤小姐這類涉及跨部門協作的案件，交由主管判斷是更合適的做法。

或許有人會認為：「既然最後還是主管決定，那建立金字塔結構有必要嗎？」但如果沒有任何整理就直接請示，反而會讓主管花費時間釐清狀況，甚至導致雙方認知不一致。

除此之外，缺乏事前準備還可能給主管留下「沒有思考過」或「只是想把決策責任推給上級」的不良印象。因此，應該先建立金字塔結構，再以**「我認為這樣處理比較好，請問您的意見如何？」**的方式向主管請示。

這樣不僅能讓主管更順暢地做出判斷，也能提升整體決策流程的效率。即便最終主管未採納自己的建議，仍然可以透過主管的回饋學習到判斷標準，為未來決策提供參考。

建立以事實為基礎的理性思考

無論是在建立金字塔結構還是做出個人判斷時，都應有意識地重視每個論據的合理性。如前所述，若是在「不想做」、「覺得麻煩」這類情緒影響下建立金字塔結構，就會變成「一開始就想拒絕客戶的要求」的偏頗結論，導致思考方向過於主觀。

即便使用了金字塔結構來整理思路，若事先就植入先入為主的想法，導出的結果仍可能是錯誤的。

此外，正確掌握內部狀況是關鍵。若未經確認就憑「最近大家看起來不太忙，應該沒問題吧」這類主觀臆測，將「公司內部有余裕」當成判斷依據，最終可能導致錯誤決策。實際上，現場可能早已排定了大型專案，即將進入忙碌期。

因此，在金字塔結構中第三層的「根據」部分，應當確保所有推測皆有經過充分查證，以避免錯誤的假設影響決策。

透過持續練習這種可視化的思考過程，能夠有效提升決策的精準度與效率，讓判斷更具說服力。

Case 23

小結

比較兩種選擇時，
應深入分析後選擇較合理的一方

★

當情緒影響判斷，邏輯將失去作用，
最終可能導致錯誤決策

24

無法掌握
實際的工作狀況，
確實讓人困擾。
但管理太嚴格的話，
感覺像被監視一樣，
讓人不太舒服。
偶爾會想
偷個小懶，
希望管理
能夠適度放寬。
每種意見
都有道理，
真是讓人
難以抉擇……

Case 24 episode

森先生所在的公司因遠端工作的普及，決定重新檢討考勤管理方式。在訪談周圍同事意見之後，發現有人認為「嚴格的考勤管理太煩人」，也有人覺得「應該要好好管理」。每種觀點都有其道理，但規則必須統一，該如何取捨呢？

A 比較不同的金字塔結構

是該嚴格？還是採取寬鬆管理呢？

自從遠端工作普及以來，許多公司開始苦惱於員工的考勤管理方式，例如：「該如何設定上班與下班時間？」或是「在線上管理員工考勤的流程過於繁瑣」。

由於適合的管理方式因公司而異，因此**很難明確設定一個「最佳方案」**。這種困擾不僅限於考勤管理，許多沒有標準答案的業務決策都會遇到類似的狀況。

森先生的情況也是如此。

他理解「寬鬆考勤管理」與「嚴格考勤管理」各自擁有的優缺點，因此難以做出最終決定。

如果採取「寬鬆考勤管理」，例如不固定上下班時間，只設定核心工作時段，雖然可以提高員工的自主性，讓不同生活型態的人有更靈活的工作安排，但對於自律能力較弱的員工來說，可能會導致生產力下降。

相反地，若選擇實施「高度嚴格的考勤管理」，如在員工電腦安裝監控系統、記錄操作紀錄等，雖然能有效防止摸魚、加強資訊安全，卻也可能增加管理負擔，甚至讓員工覺得遭到監視，影響士氣與信任感。

無論選擇哪種方式，都無法避免其優缺點。

然而，在一個自律性高的企業中，過於嚴格的考勤管理可能會造成不必要的壓力；反之，若員工普遍缺乏時間管理能力，採取過於自由的制度，則可能嚴重影響團隊的效率與產能。

為了找到最適合的管理方式，可以透過建立各個選項的金字塔結構，釐清不同考勤管理模式的邏輯，並分析哪種方式最符合公司文化與實際需求。

這種方法同樣適用於其他內部規範的制定。

現在，我們以森先生的案例為例，來比較以下三種考勤管理方式：「採取寬鬆考勤管理」、「適度嚴格的考勤管理」、「高度嚴格的考勤管理」。

接下來的頁面將展示這三種模式的金字塔結構範例。

「彈性考勤管理」的金字塔結構範例

結論
應採用
「彈性考勤管理」

理由①
能實現多元化的
工作模式。

- **根據①** 員工可以依個人生活方式調整工作時間，例如接送小孩或臨時外出辦事。
- **根據②** 讓員工依據旺季與淡季調整工時，提高工作效率。

理由②
可減輕
考勤管理的負擔。

- **根據①** 嚴格的考勤管理將增加行政作業成本與人力負擔。
- **根據②** 若連短暫休息都需要打卡，容易導致遺漏打卡紀錄，反而加重員工負擔。

理由③
較不易引發
員工不滿。

- **根據①** 過度嚴格的考勤管理可能讓員工產生「被公司監視」的不安感，增加心理壓力。
- **根據②** 不被固定的上下班時間限制，能讓員工自由安排工作，提升生活品質（QOL）。

「適度嚴格的考勤管理」的金字塔結構範例

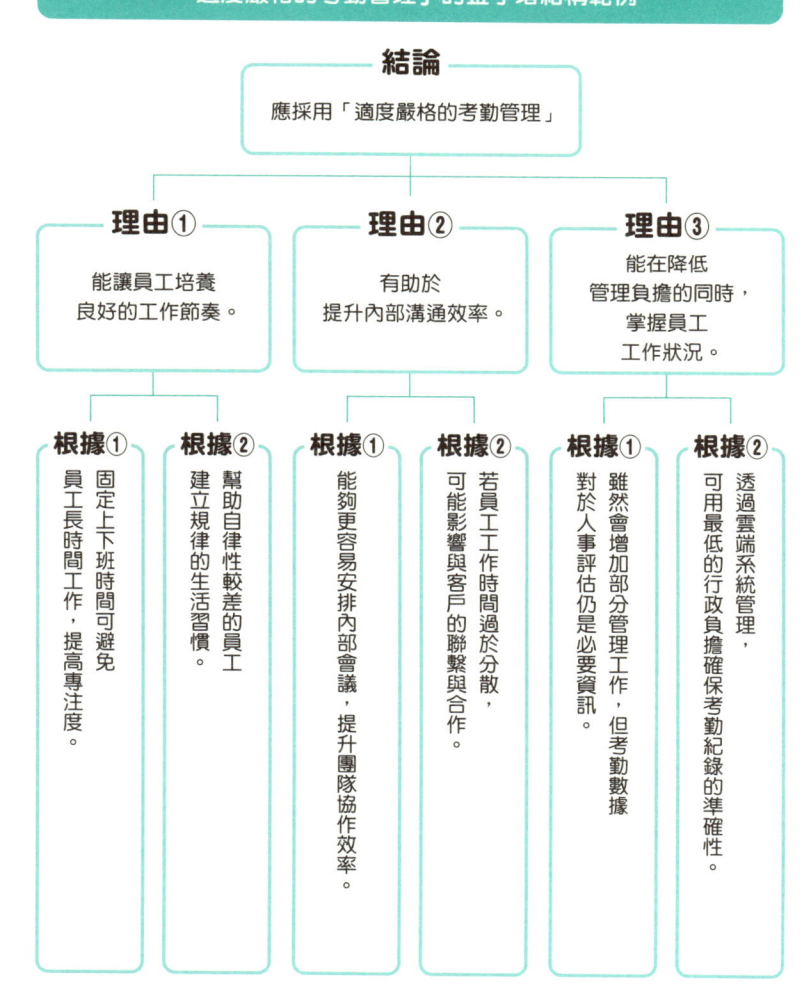

結論

應採用「適度嚴格的考勤管理」

理由①

能讓員工培養
良好的工作節奏。

- **根據①** 固定上下班時間可避免員工長時間工作，提高專注度。
- **根據②** 幫助自律性較差的員工建立規律的生活習慣。

理由②

有助於
提升內部溝通效率。

- **根據①** 能夠更容易安排內部會議，提升團隊協作效率。
- **根據②** 若員工工作時間過於分散，可能影響與客戶的聯繫與合作。

理由③

能在降低
管理負擔的同時，
掌握員工
工作狀況。

- **根據①** 雖然會增加部分管理工作，但考勤數據對於人事評估仍是必要資訊。
- **根據②** 透過雲端系統管理，可用最低的行政負擔確保考勤紀錄的準確性。

「高度嚴格的考勤管理」的金字塔結構範例

結論
應採用
「高度嚴格的考勤管理」

理由①
公司涉及
高度機密資訊，
需強化監管。

根據①
當發生問題時，需要準確紀錄「誰在何時做了什麼」，以確保資訊安全。

根據②
為了防止員工私自安裝未授權軟體，需透過操作紀錄進行監控。

理由②
能對應除了
正式僱用以外的
不同僱用模式。

根據①
由於公司有外包合作的自由工作者，需確保工時透明以利管理。

根據②
對於計時制的兼職員工，需精確計算工時與報酬。

理由③
希望精確掌握
員工的出勤與
工作狀況。

根據①
公司依「分鐘」計算加班費，因此需要細緻的考勤管理。

根據②
透過累積工作數據，能分析員工的工作模式並改善整體業務流程與效率。

森先生的公司特點

- **員工的工作模式多元化**
- 約 1 ～ 2 成的員工較缺乏自我管理能力
- **需要團隊合作的工作不少**
- 與客戶的溝通主要由業務部門負責
- 公司內部會議頻率不高
- **鮮少涉及機密資訊**
- 內部溝通以即時通訊工具為主
- **公司無外包或兼職員工**
- 無固定辦公地點，以遠端工作為主

如何有效運用金字塔結構

在建立金字塔結構時，必須避免一開始就納入公司的特徵。**如果一開始就將公司的特徵列入考量，容易導致「結論先行」，使邏輯變得不夠客觀。**

第一步，應先以一般性的觀點建構金字塔結構，不帶入特定公司的條件。

接著，整理公司的工作內容、員工特徵等實際情況，如上方圖中所列出的特點，並依據其重要性進行標示，例如可將關鍵因素以粗體字，突顯其重要程度。

最後將這些特點**與不同的考勤管理方式**

進行客觀比較，找出最適合的選項。

舉例來說，對於「員工的工作模式多元化」，可以推論「彈性考勤管理」較為合適。但如果考量到「業務內容需要高度團隊合作」，則「適度嚴格的考勤管理」可能會更有利於內部協作。

當然，沒有任何一種方案能夠完全滿足所有的條件。即便公司內部以多元工作模式為主，最終仍然可能決定採用「適度嚴格的考勤管理」，以維持基本的協作效率。

因此，決策的關鍵在於綜合考量各項條件的數量與重要性，藉此做出最符合公司需求的選擇。

經過這樣的**理性分析與審慎評估後，即使無法滿足所有人的需求，也能較容易獲得認同與支持。**

針對無明確解答的問題，如何採取合理的分析方式

金字塔結構特別適用沒標準答案，或需要自行分析並做出決策的問題。

然而，這並不代表答案能立即得出。有時候，如案例21（參照172頁）提到的情況，一開始的結論可能並不正確，導致需要重新調整邏輯；或像本案例，**可能需要建立多個金字塔結構進行比較與篩選，才能找到最佳解決方案。**

但只要持續運用金字塔結構來梳理思路，不僅能夠幫助我們更有條理地解決問題，也能培養出更嚴謹的邏輯思考能力。

Case 24

小結

當方向不明確時，
可以先深入探討各種可能的目標

★

金字塔結構完成後，
再來思考哪種方案最符合公司的實際需求與條件

過去我曾撰寫過兩本關於工作技巧的書，而經歷新冠疫情後，遠端工作已逐漸成為社會常態，工作方式隨之改變。本書總結了我針對這個時代，刻意實踐的一些工作技巧所做的整理與分享。

在遠端工作的情境下，與人溝通時往往無法直接看到對方的狀況，因此難以即時掌握對方有多忙碌。正因如此，雙方可能都未意識到彼此的工作負荷。我見過太多雙方樂觀地認為一切進行順利，卻最終導致問題發生、的情況了。

然而，這並不代表疫情前後的工作方式必須徹底改變，而是應該更有意識地做好工作中的風險控管，確保事情順利推進。

想讓工作更順利，關鍵在於「不要對他人抱有過高期待」。以「如果自己什麼都不做，對方很可能會失敗」的方式思考。基於這個前提，該如何協助對方更順利地完成工作？這正是許多顧問在進行風險管理時的思維方式。

如今，由於難以掌握對方的狀況，我們必須主動讓自己「更容易被對方看見」，同時也需要採取行動來更了解對方。

當待辦事項越來越多，工作自然會變得吃力。因此，找到不勉強自己的工作方式也至關重要。

目前，真正意識到時代變化並調整工作方式的人仍然不多。如果能夠從本書的內容中實踐一點點，你的工作就能比周圍的人輕鬆一些。

只要試著採用其中的一項技巧，親身體會到它的效果，再逐步擴展應用範圍，總有一天，你也會成為「工作效率高的人」。

希望本書能讓你的工作變得更輕鬆一些。

作者簡介

吉澤準特

現任於某顧問公司，日本分公司的業務實務負責人，專精於IT部門的管理與諮詢。此外，亦深耕於邏輯思維、圖解製作、寫作技巧、工作術、引導技巧（Facilitation）及教導技術（Coaching）等領域。著作有：《超•整理術》（三笠書房）、《図解作成の基本》（すばる舎）、《資料作成の基本》、《フレームワーク使いこなしブック》（日本能率協會管理中心）、《外資系コンサルのビジネス文書作成術》（東洋經濟新報社）、《外資系コンサルの仕事を片づける技術》（鑽石社）等多本暢銷書籍。

不再忙到崩潰！
高效率工作者的思維整理

出　　版／楓葉社文化事業有限公司
地　　址／新北市板橋區信義路163巷3號10樓
郵政劃撥／19907596　楓書坊文化出版社
網　　址／www.maplebook.com.tw
電　　話／02-2957-6096
傳　　真／02-2957-6435
作　　者／吉澤準特
翻　　譯／廖玠淩
責任編輯／邱凱蓉
內文排版／謝政龍
港澳經銷／泛華發行代理有限公司
定　　價／380元
初版日期／2025年5月

國家圖書館出版品預行編目資料

不再忙到崩潰！高效率工作者的思維整理 / 吉澤準特作；廖玠淩譯. -- 初版. -- 新北市：楓葉社文化事業有限公司, 2025.05　面；　公分

ISBN 978-986-370-789-9（平裝）

1. 職場成功法　2. 工作效率

494.35　　114003808